面向新工科高等院校大数据专业系列教材

Python 数据分析与数据可视化

井　超　张晓华　乔钢柱　编著

机械工业出版社

本书以 Python 为工具，除了系统介绍 Python 程序开发之外，还重点介绍了基于 Python 的数据分析与数据可视化。全书共 8 章，内容包括：数据分析与数据可视化、Python 与数据分析、数据可视化、Python 程序设计基础、Python 程序设计进阶、用 NumPy 生成和处理数据、用 Pandas 分析数据、Scikit-learn 机器学习基础、用 Matplotlib 实现数据可视化。

本书通用性较强，适合各类开设数据分析、数据可视化相关课程的高等院校作为教材使用，也适合从事 Python 数据分析与数据可视化工作的读者作为自学参考教程。

本书配套资源丰富，包括教学课件、程序源代码、习题参考答案、实验指导书等。需要的教师、读者可登录机械工业出版社教育服务网（www.cmpedu.com）免费注册后下载，或联系编辑索取（微信：13146070618，电话：010-88379739）。

图书在版编目（CIP）数据

Python 数据分析与数据可视化 / 井超，张晓华，乔钢柱编著. -- 北京：机械工业出版社，2025.8.
（面向新工科高等院校大数据专业系列教材）. -- ISBN 978-7-111-78780-8

Ⅰ. TP312.8

中国国家版本馆 CIP 数据核字第 2025DJ7118 号

机械工业出版社（北京市百万庄大街 22 号　邮政编码 100037）
策划编辑：王　斌　　　　　　　　责任编辑：王　斌　解　芳
责任校对：任婷婷　李可意　景　飞　责任印制：张　博
固安县铭成印刷有限公司印刷
2025 年 8 月第 1 版第 1 次印刷
184mm×240mm・14 印张・370 千字
标准书号：ISBN 978-7-111-78780-8
定价：59.90 元

电话服务　　　　　　　　　　　网络服务
客服电话：010-88361066　　　　机　工　官　网：www.cmpbook.com
　　　　　010-88379833　　　　机　工　官　博：weibo.com/cmp1952
　　　　　010-68326294　　　　金　书　网：www.golden-book.com
封底无防伪标均为盗版　　　　　机工教育服务网：www.cmpedu.com

前 言

数据资产作为经济社会数字化转型进程中的新兴资产类型，是国家重要的战略资源。随着数据量的不断增长，海量数据的价值亟待挖掘，由此，数据分析与数据可视化的重要性显而易见。各行各业都对数据分析与数据可视化提出了迫切需求，高校众多专业也纷纷开设数据分析与数据可视化的相关课程。正因为此，笔者将多年教学中积累的素材加以总结，编写了本书。

本书以 Python 为工具，系统介绍了数据分析与数据可视化的基本概念、一般步骤和相关方法，由浅入深地介绍了数据分析与机器学习相关的若干第三方库的使用和编程方法。本书理论结合实际，特别突出了实践特色，能够很好地满足高校数据分析与数据可视化人才培养需求。

本书共 8 章：

第 1 章，数据分析与数据可视化。介绍了数据分析与数据可视化的相关概念、数据分析的一般步骤、常用数据分析方法、数据分析与数据可视化常用工具。

第 2 章，Python 与数据分析、数据可视化。介绍了 Python 这一数据分析与数据可视化的利器、基于 Python 的数据分析与数据可视化工具（常用的 Python 第三方库）、使用 Python 初步上手数据分析。

第 3、4 章分别为 Python 程序设计基础和 Python 程序设计进阶，系统介绍了 Python 语言开发环境的安装与部署以及 Python 程序设计的相关内容。

第 5 章至第 8 章分别介绍了 NumPy、Pandas、Scikit-learn、Matplotlib 这四个主要用于数据分析与数据可视化的 Python 第三方库的基础编程知识和典型应用案例。

本书前 4 章介绍了数据分析与数据可视化的基础知识和常用方法与工具；第 5 章至第 8 章介绍了四个 Python 第三方库，配合一些基本的数据挖掘算法可以实现完整的数据分析与数据可视化。

本书使用的 Python 版本是 Python 3.7.9，配备了教学课件、程序源代码、习题及习题参考答案等教学资源，供读者教学、学习使用。

本书通用性较强，适合各类开设数据分析、数据可视化相关课程的高等院校作为教材使用，也适合从事 Python 数据分析与数据可视化工作的读者作为自学参考教程。

本书由张晓华负责编写第 3、4 章，乔钢柱负责编写第 8 章，井超负责编写第 1、2、5、6、7 章。

最后，感谢所有在本书写作、出版过程中给予我们帮助的朋友，并热切希望这本书能够对广大读者有所帮助！

编 者

目 录

前言

第1章 数据分析与数据可视化 ... 1
1.1 数据分析与数据可视化概述 ... 1
- 1.1.1 数据、信息与数据分析 ... 1
- 1.1.2 数据可视化 ... 1
- 1.1.3 数据分析与数据可视化的关系 ... 3

1.2 数据分析的一般步骤 ... 4
- 1.2.1 明确分析目的与框架 ... 4
- 1.2.2 数据收集 ... 4
- 1.2.3 数据处理 ... 4
- 1.2.4 数据分析 ... 4
- 1.2.5 数据展现 ... 5
- 1.2.6 撰写报告 ... 5

1.3 常用数据分析方法 ... 5
- 1.3.1 聚类分析（Cluster Analysis） ... 5
- 1.3.2 因子分析（Factor Analysis） ... 5
- 1.3.3 相关分析（Correlation Analysis） ... 5
- 1.3.4 对应分析（Correspondence Analysis） ... 6
- 1.3.5 回归分析（Regressive Analysis） ... 6
- 1.3.6 方差分析（Variance Analysis） ... 6

1.4 数据分析与数据可视化常用工具 ... 6
- 1.4.1 Microsoft Excel ... 6
- 1.4.2 R 语言 ... 6
- 1.4.3 Python 语言 ... 7
- 1.4.4 SAS 软件 ... 7
- 1.4.5 SPSS ... 7
- 1.4.6 专用的数据可视化分析工具 ... 7

本章练习 ... 7

第2章 Python 与数据分析、数据可视化 ... 8
2.1 数据分析与数据可视化的利器：Python ... 8
- 2.1.1 Python 是什么 ... 8
- 2.1.2 Python 的特点 ... 9
- 2.1.3 Python 可以做什么 ... 10

2.2 基于 Python 的数据分析与数据可视化工具 ... 11
- 2.2.1 NumPy 库 ... 11
- 2.2.2 Pandas 库 ... 11
- 2.2.3 Matplotlib 库 ... 12
- 2.2.4 Seaborn 库 ... 12
- 2.2.5 Scikit-learn 库 ... 12

2.3 Python 数据分析初上手 ... 13
- 2.3.1 数据的导入 ... 13
- 2.3.2 数据的导出 ... 13
- 2.3.3 数据预处理 ... 14
- 2.3.4 数据的选择和运算 ... 17
- 2.3.5 数据可视化 ... 20

本章练习 ... 21

第3章 Python 程序设计基础 ... 22
3.1 Python 的安装 ... 22
- 3.1.1 Python 解释器的安装 ... 22
- 3.1.2 PyCharm 集成开发环境的安装 ... 28
- 3.1.3 Python 包管理工具 pip ... 34
- 3.1.4 Python 相关的文件 ... 38

3.2 Python 语法基础 ... 39
- 3.2.1 注释 ... 39
- 3.2.2 关键字 ... 40
- 3.2.3 标识符 ... 41
- 3.2.4 内置常量 ... 42
- 3.2.5 内置函数 ... 42

3.3 Python 引用 ... 44
- 3.3.1 名字空间 ... 44
- 3.3.2 模块的导入与使用 ... 46

3.4 Python 的基本数据类型 ... 47
3.5 Python 的运算符与表达式 ... 51
3.6 Python 的代码编写规范 ... 52

本章练习 ... 53

第4章 Python 程序设计进阶 ········ 54
4.1 Python 数据结构、程序流程控制、函数与文件 ········ 54
4.1.1 Python 数据结构 ········ 54
4.1.2 Python 程序流程控制 ········ 66
4.1.3 异常处理 ········ 75
4.1.4 函数 ········ 79
4.1.5 文件 ········ 93
4.2 Python 面向对象程序设计 ········ 101
4.2.1 类 ········ 101
4.2.2 类方法、实例方法、静态方法 ········ 105
4.2.3 对象 ········ 109
4.2.4 封装、继承、多态 ········ 110
4.2.5 面向对象案例精析 ········ 115
本章练习 ········ 119

第5章 用 NumPy 生成和处理数据 ········ 120
5.1 NumPy 的安装 ········ 120
5.2 NumPy 入门 ········ 120
5.2.1 数值计算 ········ 120
5.2.2 是否使用 NumPy 的运行时间对比 ········ 122
5.2.3 数组和矩阵计算 ········ 123
5.3 NumPy 数组操作相关函数 ········ 126
5.4 NumPy 数学函数 ········ 130
5.4.1 NumPy 数学函数基础 ········ 130
5.4.2 NumPy 统计函数 ········ 133
5.4.3 NumPy 向量和矩阵函数 ········ 138
5.5 NumPy 数据分类案例 ········ 141
5.5.1 线性回归的基本概念 ········ 141
5.5.2 损失函数的设置 ········ 142
5.5.3 Python 程序实现 ········ 142
本章练习 ········ 146

第6章 用 Pandas 分析数据 ········ 147
6.1 Pandas ········ 147
6.1.1 Pandas 的由来 ········ 147
6.1.2 安装 Pandas 库 ········ 147
6.2 Series ········ 150
6.2.1 创建 Series 对象 ········ 150
6.2.2 Series 属性 ········ 151
6.2.3 Series 常用方法 ········ 152
6.2.4 Series 对象数据绘图 ········ 153
6.3 DataFrame ········ 155
6.3.1 DataFrame 的概念 ········ 155
6.3.2 创建 DataFrame 对象 ········ 156
6.3.3 DataFrame 的属性 ········ 157
6.3.4 DataFrame 索引和切片 ········ 159
6.3.5 DataFrame 数据分析 ········ 161
6.3.6 DataFrame 对象数据可视化 ········ 161
6.4 基于 BankMarketing 数据集的营销活动分析 ········ 163
6.4.1 数据集概述和数据结构 ········ 163
6.4.2 数据的基本信息 ········ 164
6.4.3 客户数据分析 ········ 164
6.4.4 营销活动数据分析 ········ 165
6.4.5 完整代码及运行结果 ········ 166
本章练习 ········ 168

第7章 Scikit-learn 机器学习基础 ········ 169
7.1 机器学习的算法和模型 ········ 169
7.1.1 特征变量和目标变量 ········ 170
7.1.2 模型训练 ········ 170
7.1.3 过拟合和欠拟合 ········ 172
7.1.4 模型性能度量 ········ 173
7.2 Scikit-learn 的功能 ········ 173
7.2.1 分类 ········ 173
7.2.2 回归 ········ 173
7.2.3 聚类 ········ 174
7.2.4 数据降维 ········ 174
7.2.5 模型选择 ········ 174
7.2.6 数据预处理 ········ 174
7.3 Scikit-learn 的常用模块 ········ 174
7.3.1 安装 Scikit-learn ········ 174
7.3.2 Scikit-learn 常用模块介绍 ········ 175
7.4 Scikit-learn 的使用 ········ 175
7.4.1 数据集的导入和处理 ········ 175
7.4.2 数据集切分 ········ 176
7.4.3 数值数据的标准化 ········ 177
7.4.4 数值数据的归一化 ········ 178
7.4.5 核心对象类型:评估器 ········ 179
7.4.6 高级特性:管道 ········ 179
7.4.7 模型保存 ········ 180

7.5	使用 Scikit-learn 实现线性回归建模	181	8.3.9 等高线图	198
			8.3.10 3D 曲线图	199
本章练习		184	8.3.11 3D 散点图	200
			8.3.12 3D 等高线图	201

第 8 章 用 Matplotlib 实现数据可视化 ……185

- 8.1 Matplotlib 基础 …… 185
- 8.2 Matplotlib 常见绘图属性 …… 186
  - 8.2.1 创建绘图区域 …… 186
  - 8.2.2 设定绘图参数 …… 187
  - 8.2.3 设置字体及子图布局 …… 188
  - 8.2.4 其他绘图设置 …… 189
- 8.3 Matplotlib 基本绘图 …… 190
  - 8.3.1 折线图 …… 190
  - 8.3.2 散点图 …… 191
  - 8.3.3 双轴图 …… 192
  - 8.3.4 条形图 …… 193
  - 8.3.5 直方图 …… 194
  - 8.3.6 饼图 …… 196
  - 8.3.7 箱型图 …… 196
  - 8.3.8 泡泡图 …… 198
  - 8.3.9 等高线图 …… 198
  - 8.3.10 3D 曲线图 …… 199
  - 8.3.11 3D 散点图 …… 200
  - 8.3.12 3D 等高线图 …… 201
  - 8.3.13 3D 线框图 …… 202
  - 8.3.14 3D 曲面图 …… 203
- 8.4 Matplotlib 绘制交互式动态图形 …… 204
  - 8.4.1 Matplotlib 的事件响应 …… 204
  - 8.4.2 Matplotlib 常用事件 …… 205
  - 8.4.3 使用 Matplotlib 绘制动态图形 …… 206
- 8.5 使用 NumPy、Pandas、Matplotlib 进行电影数据分析与数据可视化 …… 211
  - 8.5.1 获取数据 …… 211
  - 8.5.2 绘制电影评分分布图 …… 212
  - 8.5.3 绘制电影时长分布图 …… 213
  - 8.5.4 统计电影分类 …… 213
- 本章练习 …… 215

参考文献 …… 216

第 1 章　数据分析与数据可视化

本章主要介绍数据分析、数据可视化的概念、发展历程、技术构成和典型应用。同时介绍包括 Python 在内的几种常用的数据分析、数据可视化工具。

1.1 数据分析与数据可视化概述

1.1.1 数据、信息与数据分析

数据：是指对客观事件进行记录并可以鉴别的符号，是对客观事物的性质、状态以及相互关系等进行记载的物理符号或这些物理符号的组合。它是可识别的、抽象的符号。数据是信息的表现形式和载体，可以是符号、文字、数字、语音、图像、视频等。

信息：是数据的内涵，信息是加载于数据之上，对数据做具有含义的解释。

数据和信息是不可分离的，信息依赖数据来表达，数据则生动具体地表达出信息。数据是符号，是物理性的，信息是对数据进行加工处理之后得到并对决策产生影响的数据，是逻辑性和观念性的；数据是信息的表现形式，信息是数据有意义的表示。数据是信息的表达、载体，信息是数据的内涵，是形与质的关系。数据本身没有意义，数据只有对实体行为产生影响时才成为信息。

数据分析：是指用适当的统计分析方法对收集来的大量数据进行分析，为提取有用信息和形成结论而对数据加以详细研究和概括总结的过程。

从广义的角度来说，数据分析涵盖了数据分析和数据挖掘两个部分。从狭义的角度来说，数据分析和数据挖掘存在不同之处，主要体现在两者的定义说明、侧重点、技能要求和最终的输出形式。广义的数据分析包括狭义数据分析和数据挖掘。狭义的数据分析是指根据分析目的，采用对比分析、分组分析、交叉分析和回归分析等分析方法，对收集来的数据进行处理与分析，提取有价值的信息，发挥数据的作用，得到一个特征统计量结果的过程。数据挖掘则是从大量的、不完全的、有噪声的、模糊的、随机的实际应用数据中，通过应用聚类、分类、回归和关联规则等技术，挖掘潜在价值的过程。

1.1.2 数据可视化

数据分析是一个探索性的过程，通常从特定的问题开始。它需要好奇心、寻找答案的欲望和很好的韧性，因为这些答案并不总是容易得到的。数据可视化，即数据的可视化展示。有效的可视化可显著减少受众处理信息和获取有价值见解所需的时间。

数据分析和数据可视化密不可分。在实际处理数据时，数据分析先于数据可视化输出，而数据可视化分析又是呈现有效分析结果的一种好方法。

数据可视化主要是借助图形化手段，清晰有效地传达与沟通信息。数据可视化是指将大型数据集中的数据以图形图像形式表示，并利用数据分析和开发工具发现其中未知信息的处理过程。

数据可视化技术的基本思想是将数据库中每一个数据项作为单个图元素表示，大量的数据集构成数据图像，同时将数据的各个属性值以多维数据的形式表示，可以从不同的维度观察数据，从而对数据进行更深入的观察和分析。

数据可视化是关于数据的视觉表现形式的研究。其中，这种数据的视觉表现形式被定义为：一种以某种概要形式抽提出来的信息，包括相应信息单位的各种属性和变量。

数据可视化主要旨在借助图形化手段，清晰有效地传达与沟通信息。但是，这并不意味数据可视化就一定因为要实现其功能用途而令人感到枯燥乏味，或者是为了看上去绚丽多彩而显得极端复杂。为了有效地传达概念，美学形式与功能需要兼顾，通过直观地传达关键的方面与特征，从而实现对于相当稀疏而又复杂的数据集的深入洞察。

数据可视化技术包含以下几个基本概念。

- 数据空间：是由 n 维属性和 m 个元素组成的数据集所构成的多维信息空间。
- 数据开发：是指利用一定的算法和工具对数据进行定量的推演和计算。
- 数据分析：指对多维数据进行切片、分块、旋转等动作剖析数据，从而能多角度多侧面观察数据。
- 数据可视化：是指将大型数据集中的数据以图形图像形式表示，并利用数据分析和开发工具发现其中未知信息的处理过程。

以下展示一些数据可视化典型案例：

1. 互联网地图

为了探索规模庞大的互联网，俄罗斯工程师 Ruslan Enikeev 根据 2011 年年底的数据，将全球 196 个国家和地区的 35 万个网站数据整合起来，并根据 200 多万个网站链接将这些"星球"通过关系链联系起来，每一个"星球"的大小根据其网站流量来决定，而"星球"之间的距离远近则根据链接出现的频率、强度和用户跳转时创建的链接来确定，由此绘制得到了互联网地图（http://internet-map.net），如图 1.1 所示。

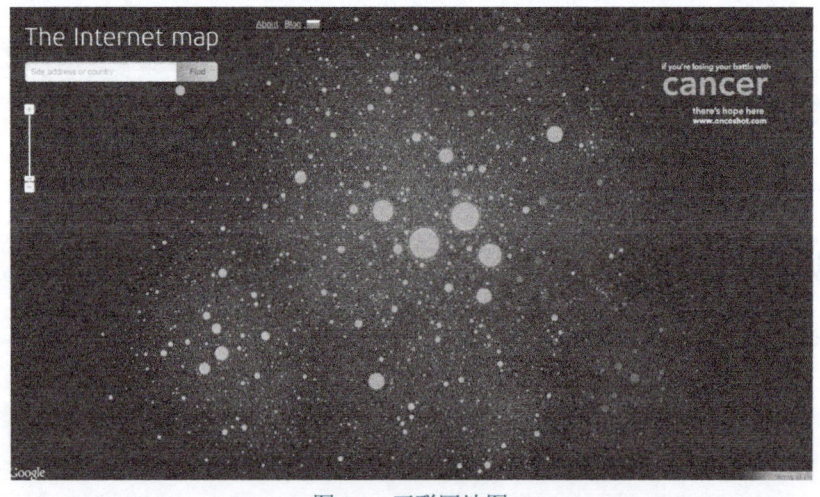

图 1.1 互联网地图

2. 编程语言之间的影响力关系图

Ramio Gómez 利用来自 Freebase 上的编程语言维护表里的数据，绘制了编程语言之间的影响力关系图，如图 1.2 所示，图中的每个节点代表一种编程语言，之间的连线代表该编程语言对其他语言有影响，有影响力的语言会连线多个语言，相应的节点也会越大。

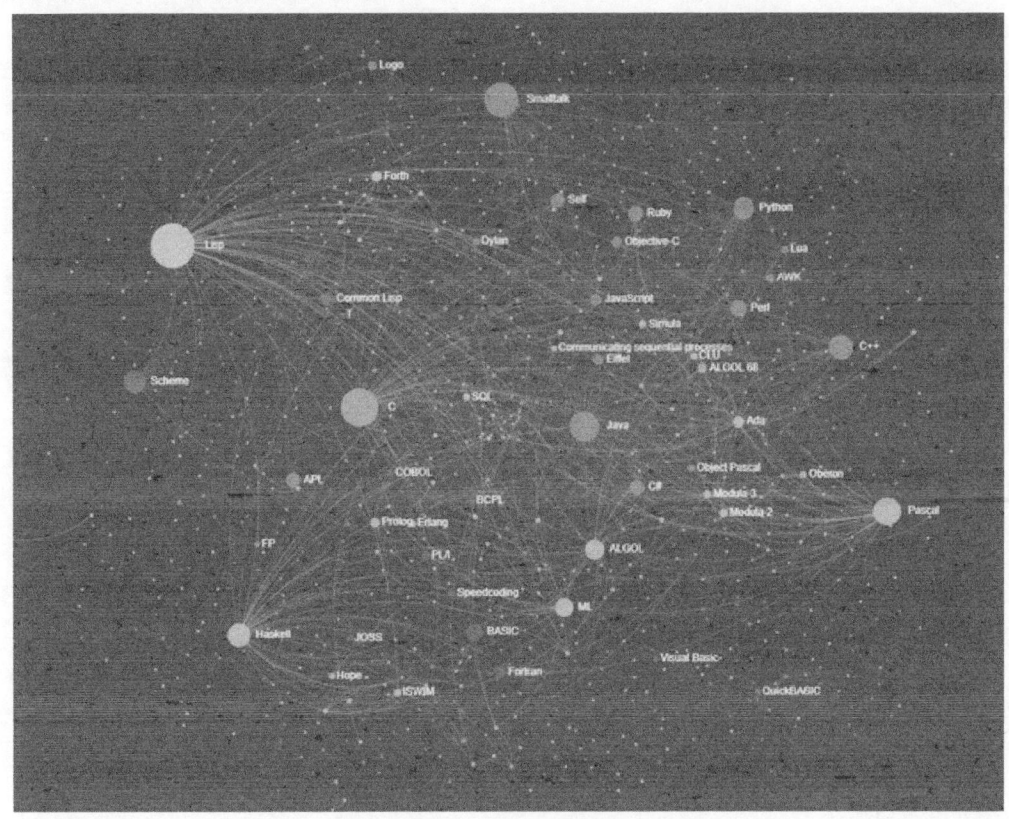

图 1.2 编程语言之间的影响力关系图

1.1.3 数据分析与数据可视化的关系

数据分析是将数据进行分析和处理的技术，通常是通过使用算法和数学模型来发现数据中的规律和趋势。数据分析可以用来解决各种问题，如预测销售量、分析股票趋势、评估风险和识别垃圾邮件等。数据分析的过程通常包括数据的收集、清洗、处理、分析和解释。数据分析师需要基于数据的实际情况选择合适的数学模型、算法和工具，以帮助他们更好地理解数据。

数据可视化是将数据通过数据可视化手段进行呈现的技术。这种技术旨在帮助人们更好地理解数据，从而做出更好的决策。数据可视化通常包括画图、制作图表、绘制趋势图等。通过数据可视化手段呈现数据，可以帮助人们更快地发现数据中的信息，也能够将数据呈现出来，方便人们进行比较和分析。

在数据分析和数据可视化技术中，数据可视化通常用来帮助数据分析师更好地观察数据。数据可视化技术可以让数据分析师把数据呈现出来，从而更深入地了解数据中的信息。同时，数据可视化技术也可以帮助人们更快地理解复杂的数据，帮助他们更好地与其他人共享数据。

数据分析和数据可视化技术在现代企业和科学研究中越来越重要。在企业中，数据分析和数据可视化技术可以帮助企业更快地做出决策，同时也可以帮助他们更好地了解市场和客户。在科学研究中，数据分析和数据可视化技术可以帮助科学家在海量数据中快速地发现规律和趋势，而不是通过手动的分析方法。

总之，数据分析和数据可视化技术已成为现代科技发展中的两个重要领域。随着人们对数据的需求越来越高，这两个领域将在未来得到更多的关注和发展。

1.2 数据分析的一般步骤

数据分析的目的是把隐藏在一大批看似杂乱无章的数据背后的信息集中和提炼出来，总结出所研究对象的内在规律，帮助管理者进行判断和决策。

数据分析的一般步骤可分为：明确分析目的与框架、数据收集、数据处理、数据分析、数据展现和撰写报告。

1.2.1 明确分析目的与框架

一个数据分析项目的分析对象是谁？分析目的是什么？要解决什么业务问题？目的明确之后，就可以梳理分析思路整理分析框架。不同的项目对数据有着不同的要求，使用的分析手段也是不一样的。所以这些是进行数据分析的方向和前提。

1.2.2 数据收集

数据收集是按照确定的数据分析目的和框架内容，有目的地收集、整合相关数据的过程，它是数据分析的基础。

1.2.3 数据处理

数据处理是指对收集到的数据进行加工、整理，以便开展数据分析，它是数据分析前必不可少的阶段。这个过程是数据分析整个过程中最花时间的，数据处理速度在一定程度上取决于数据仓库的搭建和数据质量的优劣。数据处理主要包括数据清洗、数据转化、数据提取和数据计算等处理方法。

1.2.4 数据分析

数据分析是指通过分析手段、方法和技巧对处理过的数据进行探索、分析，提取有价值的信息，从中发现因果关系、内部联系和业务规律。

这个阶段就要涉及工具和方法的使用。其一要熟悉常规数据分析方法，如方差、回归、因子、聚类、分类、时间序列等；其二是熟悉数据分析工具，Excel 最常见，还有专业的分析软件，如数据分析工具 SPSS、SAS、R、MATLAB 等，便于进行一些专业的统计分析、数据建模等。

1.2.5 数据展现

一般情况下,数据分析的结果都是通过图、表的方式来呈现,借助数据展现手段,能更直观地让数据分析师表述想要呈现的信息、观点和建议。

常用的图表包括饼图、折线图、柱形图、条形图、散点图、雷达图、金字塔图、矩阵图、漏斗图、帕累托图等。

1.2.6 撰写报告

最后阶段,就是撰写数据分析报告,这是对整个数据分析成果的一个呈现。通过数据分析报告,把数据分析的目的、过程、结果及方案完整呈现出来,以供商业目的提供参考。

一份好的数据分析报告,首先需要有一个好的分析框架,并且图文并茂,层次明晰,能够让阅读者一目了然。另外,数据分析报告需要有明确的结论、建议和解决方案,而不仅仅是找出问题。

1.3 常用数据分析方法

常用数据分析方法有:聚类分析、因子分析、相关分析、对应分析、回归分析、方差分析。

1.3.1 聚类分析(Cluster Analysis)

聚类分析是指将物理或抽象对象的集合分组成为由类似的对象组成的多个类的分析过程。聚类是将数据分类到不同的类或者簇这样的一个过程,同一个簇中的对象有很大的相似性,不同簇间的对象有很大的相异性。聚类分析是一种探索性的分析,在分类的过程中,人们不必事先给出一个分类的标准,聚类分析能够从样本数据出发,自动进行分类。聚类分析所使用的方法不同,常常会得到不同的结论。不同研究者对于同一组数据进行聚类分析,所得到的聚类数未必一致。

1.3.2 因子分析(Factor Analysis)

因子分析是指研究从变量群中提取共性因子的统计技术,是从大量的数据中寻找内在的联系,减少决策的困难。因子分析的方法有 10 多种,如重心法、影像分析法、最大似然解、最小平方法、阿尔法抽因法、拉奥典型抽因法等。这些方法本质上大都属于近似方法,是以相关系数矩阵为基础的。

1.3.3 相关分析(Correlation Analysis)

相关分析是研究现象之间是否存在某种依存关系,并对具体有依存关系的现象探讨其相关方向以及相关程度。相关关系是一种非确定性的关系,例如,以 X 和 Y 分别记一个人的身高和体重,或分别记每公顷施肥量与每公顷小麦产量,则 X 与 Y 显然有关系,而又没有确切到可由其中的一个去精确地决定另一个的程度,这就是相关关系。

1.3.4 对应分析(Correspondence Analysis)

对应分析也称关联分析、R-Q 型因子分析,通过分析由定性变量构成的交互汇总表来揭示变量间的联系。可以揭示同一变量的各个类别之间的差异,以及不同变量各个类别之间的对应关系。对应分析的基本思想是将一个列联表的行和列中各元素的比例结构以点的形式在较低维的空间中表示出来。

1.3.5 回归分析(Regressive Analysis)

研究一个随机变量 Y 对另一个(X)或一组$(X_1, X_2, \ldots, X_k)$变量的相依关系的统计分析方法。回归分析是确定两种或两种以上变量间相互依赖的定量关系的一种统计分析方法,运用十分广泛。回归分析按照涉及的自变量的多少,可分为一元回归分析和多元回归分析;按照自变量和因变量之间的关系类型,可分为线性回归分析和非线性回归分析。

1.3.6 方差分析(Variance Analysis)

方差分析又称变异数分析或 F 检验,用于两个及两个以上样本均数差别的显著性检验。由于各种因素的影响,研究所得的数据呈现波动状。造成波动的原因可分成两类,一类是不可控的随机因素,另一类是研究中施加的对结果形成影响的可控因素。方差分析是从观测变量的方差入手,研究诸多控制变量中哪些变量是对观测变量有显著影响的变量。

1.4 数据分析与数据可视化常用工具

1.4.1 Microsoft Excel

Excel 是大家熟悉的电子表格软件,已被广泛使用了二十多年,如今,甚至有很多数据只能以 Excel 表格的形式获取到。在 Excel 中,让某几列高亮显示、做几张图表都很简单,于是也很容易对数据有个大致了解。Excel 的局限性在于它一次所能处理的数据量上,而且除非通晓 VBA 这个 Excel 内置的编程语言,否则针对不同数据集来重制一张图表会是一件很烦琐的事情。

1.4.2 R 语言

R 语言是由新西兰奥克兰大学 Ross Ihaka 和 Robert Gentleman 开发的用于统计分析、绘图的语言和操作环境,属于 GNU 系统的一个自由、免费、源代码开放的软件,是一个用于统计计算和统计制图的优秀工具。

R 语言的主要功能包括数据存储和处理系统、运算工具(其向量、矩阵运算方面功能尤其强大)、完整连贯的统计分析工具、优秀的统计制图功能、简便而强大的编程语言。

1.4.3 Python 语言

Python 是由荷兰人 Guido van Rossum 于 1989 年发明的,并在 1991 年首次公开发行。它是一款简单易学的编程工具,同时,其编写的代码具有简洁性、易读性和易维护性等优点。Python 原本主要应用于系统维护和网页开发,但随着大数据时代的到来,以及数据挖掘、机器学习、人工智能等技术的发展,促使 Python 进入数据科学的领域。

Python 同样拥有多种多样的第三方模块(库),用户可以利用这些模块完成数据科学中的工作任务。

1.4.4 SAS 软件

SAS 是全球最大的软件公司之一,是由美国 NORTH CAROLINA 州立大学在 1966 年开发的统计分析软件。SAS 软件把数据存取、管理、分析和展现有机地融为一体,具有功能强大、统计方法齐、全、新,并且操作简便灵活的特点。

1.4.5 SPSS

SPSS 封装了先进的统计学和数据挖掘技术来获得预测知识,并将相应的决策方案部署到现有的业务系统和业务过程中,从而提高企业的效益。SPSS 拥有直观的操作界面、自动化的数据准备和成熟的预测分析模型,结合商业技术可以快速建立预测性模型。

1.4.6 专用的数据可视化分析工具

除了数据分析与挖掘工具中包含的数据可视化功能模块之外,还有一些专用的数据可视化工具提供了更为强大便捷的数据可视化分析功能。目前,常用的专业数据可视化分析工具有 Power BI、Tableau、Echarts 等。

本章练习

简答题

1. 简述数据分析的基本原理与步骤。
2. 简述数据可视化的概念。

第 2 章　Python 与数据分析、数据可视化

本章介绍了使用 Python 进行数据分析与数据可视化的实现方式，并且介绍了 Python 数据分析、数据可视化所涉及的一些第三方库。

2.1　数据分析与数据可视化的利器：Python

Python 作为一门编程语言，其魅力和影响力已经远超 C#、C++，被程序员誉为"最美丽的"编程语言，其应用非常广泛，尤其在数据分析与数据可视化领域。

2.1.1　Python 是什么

Python 语言发明于 1989 年，1991 年公开发行。Python 的名字来源于英国喜剧团 Monty Python，原因是 Python 的创始人 Guido van Rossum（荷兰人）是该剧团的粉丝。Python 是一种不受局限、跨平台的开源编程语言，其功能强大、易写易读，能在 Windows、macOS 和 Linux 等平台上运行。

Python 和 C++、Java 一样是一种高级编程语言，是一种解释型语言，即将高级语言的一条语句翻译为机器语言，然后运行。当解释器发现错误时，程序会抛出异常或立即中止。

最初的 Python 完全由 Guido 本人开发。后来 Guido 的同事迅速喜欢上了这种新语言并不断反馈使用意见，参与到 Python 的改进中。于是 Guido 和一些同事组成了 Python 的核心团队。他们将自己大部分的时间用于改进 Python。Python 将许多机器层面上的细节隐藏，交给编译器处理，并突显逻辑层面的编程思考。Python 程序员可以花更多的时间用于思考程序的逻辑，而不是具体的实现细节。这一特征吸引了广大的程序员。Python 开始迅速流行起来。

此外，还有两点外界因素使 Python 得到迅速发展。一是硬件性能的提高。Python 生逢其时。二是互联网的发展，一种新的软件开发模式开始流行：开源。开放性是 Python 能够发展壮大的根本原因。

Python 的开发者来自不同领域，他们将不同领域的优点带给 Python。比如 Python 标准库中的正则表达式是参考 Perl，而 lambda、map、filter、reduce 函数参考了 Lisp。Python 本身的一些功能及大部分的标准库来自于社区。Python 的社区不断扩大，从 Python 2.0 开始，Python 也从邮件列表的开发方式，转为完全开源的开发方式。社区气氛已经形成，工作被整个社区分担，Python 也获得了更加高速的发展。

如今，Python 已经进入 3.0 时代，由于 Python 3 向后不兼容，所以从 2.0 到 3.0 的过渡并不容易。另外，Python 的性能依然有待改进，它的运算性能仍低于 C++和 Java。可以说，Python 依然是一个在发展中的语言，它还有着更加值得期待的未来。

2.1.2 Python 的特点

Python 的特点主要包括以下 10 点。

(1) 简单、易学

Python 的设计哲学是优雅、明确、简单。Python 极其容易上手,因为 Python 有极其简单的语法,使人能够专注于解决问题而不是去搞明白语言本身。

(2) 免费、开源

Python 是开源的,使用者可以自由地发布软件的副本,或阅读、使用和改动它的源代码或将其中一部分用于新的开源软件中。

(3) 高级解释性语言

Python 语言是一门高级编程语言,程序员在利用它开发时无须考虑底层细节。Python 解释器把源代码转换成字节码这一中间形式,然后再把它翻译成计算机使用的机器语言并运行。这使得 Python 程序更加易于移植。

(4) 可移植性

Python 可在 Linux、Windows、FreeBSD、macOS、Solaris、OS/2 和 Android 等平台上运行。

(5) 面向对象

Python 既支持像 C 语言一样面向过程的编程语言,也支持如 C++、Java 一样面向对象的编程语言。

(6) 可扩展性

Python 提供了丰富的 API、模块和工具。程序员可以轻松使用 C、C++语言来编写扩充模块。

(7) 可嵌入性

Python 程序可以嵌入 C、C++、MATLAB 程序,从而向用户提供脚本。

(8) 丰富的第三方库

Python 的标准库非常庞大。它可以帮助处理各种任务,包括正则表达式、文档生成、单元测试、线程、数据库、网页浏览器、CGI、FTP、电子邮件、XML、XMLRPC、HTML、WAV 文件、密码系统、GUI(图形用户界面)、Tk 和其他与系统有关的操作。除了标准库以外,Python 还有许多其他高质量第三方库,如 OpenCV 图像库等。

(9) 规范的代码

Python 采用强制缩进的方式使代码具有较好的可读性。

Python 语言广泛应用于科学计算、自然语言处理、图形图像处理、游戏开发、系统管理、Web 应用、网络安全等。许多大型网站就是用 Python 开发的,如 YouTube、Instagram。很多大公司,如 Google、Yahoo 等,甚至 NASA(美国国家航空航天局)都大量使用 Python。Python 受关注的程度逐年上升。

(10) "胶水"语言

Python 是著名的"胶水"语言,可作为其他语言的"黏合剂"。

2.1.3 Python 可以做什么

Python 是一门面向对象的高级程序设计语言。它可以进行 Web 应用开发、数据分析与挖掘、AI 应用程序设计开发、网络爬虫应用编写、嵌入式应用开发、网络安全应用开发、桌面应用开发、自动化运维设计、游戏开发等。

1．Web 应用开发

典型的基于 Python 的 Web 应用框架有 Django、Flask、Pyramid，这里首推 Django。这些框架的不断更新，使得采用 Python 开发网络应用程序变得简单、高效。

2．数据分析与挖掘

利用 Python 的 NumPy、Pandas、Matplotlib 等与数据处理相关的第三方库，不仅可以进行数据处理，例如，小到一个文本中字符的替换，大到数据库中的数据清洗，还可以进行 K 线图分析、金融数据分析模型搭建、衍生品估值等。

3．AI 应用程序设计开发

很多大型互联网公司都有自己的 AI 应用，而这些应用大多都提供了 Python 接口。调用这些接口，可以轻松实现诸如文字及物体识别、检测等应用程序。用户可以通过 TensorFlow、Keras、Scikit-learn、Caffe 这些框架开发 AI 应用程序。

4．网络爬虫应用编写

在大数据时代，Python 是编写网络爬虫的首推语言。利用 Python 不仅可以实现一些简单的图片、文本爬取，还可以用第三方库，如 Scrapy、Crawley 等实现海量数据获取。

5．嵌入式应用开发

Python 的强大之处在于它是解释性语言，并且是跨平台的，当前的主流操作系统基本都支持 Python 开发，Python 的众多第三方库可以做到编程的各个方面。Python 有个强大的第三方库 MicroPython，通过 Python 脚本语言开发单片机程序，可以实现硬件底层的访问和控制，进行各类嵌入式应用开发。

6．网络安全应用开发

应用 Python 可以解决几乎全部问题。Python 在网络安全应用开发领域，有一款很经典的 Scapy 库，提供了强大的网络数据包解析功能，可以高效开发网络安全应用。

7．桌面应用开发

使用 Python 自带的 tkinter 可以快速开发一款桌面应用。第三方库如 PyQt、PySide、PySimpleGUI、Kivy、wxPython 等，使用其中任何一款，都可以开发一款界面美观的 GUI 应用。使用轻量级的 gooey 库，可以快速将一款命令行下的 Python 工具转化为一个 GUI 程序。

8．自动化运维设计

随着云计算时代、物联网时代的到来，无论数据还是服务器规模都达到空前的庞大，企业对运维人员的需求由运行维护逐渐转变为研发型运维。Python 是运维的标配语言，由于其胶水语言特性，可以利用它将系统中各个工具进行整合，也可以使用它对现有工具进行二次开发。有了 Python 这个强大的工具，产品生命周期变得完整了。

9．游戏开发

对于游戏开发，使用 Python 中的 PyGame 库，可实现一些简单的 2D 游戏，它不是一个完整的游戏引擎库。对于 3D 游戏,可以使用 Panda3D,它是迪士尼开发的一款 3D 游戏引擎库,带有完整的 3D 游戏引擎模块,支持 Python 和 C++。

以上只是 Python 的部分应用,它的应用远不止于此。Python 丰富的第三方库使 Python 广泛应用于程序设计的各个领域。

2.2 基于 Python 的数据分析与数据可视化工具

Python 是数据分析、数据可视化的首选编程语言,它拥有众多模块,也就是第三方库,能完成数据分析与数据可视化开发的所有环节。本节重点介绍数据分析相关的 NumPy、Pandas 和 Matplotlib 库,它们是数据分析与数据可视化的黄金组合。作为数据分析常用的库还包括 Seaborn 和 Scikit-learn 库。其中 Seaborn 库相对简单,平时使用更多的是 Scikit-learn 库。

2.2.1 NumPy 库

NumPy(Numerical Python)是 Python 语言的一个扩展程序库,支持大量的数组与矩阵运算,此外也针对数组运算提供大量的数学函数库。NumPy 底层使用 C 语言编写,数组中直接存储对象,而不是存储对象指针,所以其运算效率远高于纯 Python 代码。

NumPy 的前身为 Numeric,最早由 Jim Hugunin 与其他协作者共同开发,2005 年,Travis Oliphant 在 Numeric 中结合了另一个同性质的程序库 Numarray 的特色,并加入了其他扩展而开发了 NumPy。NumPy 为开放源代码并且由许多协作者共同维护开发。

NumPy 通常和 SciPy(Scientific Python)、Matplotlib(绘图库)一起使用,这种组合广泛用于替代 MATLAB,是一个强大的科学计算环境,有助于通过 Python 学习数据科学或者机器学习。

NumPy 包括:一个强大的 N 维数组对象 Array;比较成熟的(广播)函数库;用于整合 C/C++和 Fortran 代码的工具包;实用的线性代数、傅里叶变换和随机数生成函数。

2.2.2 Pandas 库

Pandas 是 Python 语言的一个扩展程序库,用于数据分析。Pandas 是一个开放源码、BSD 许可的库,提供高性能、易于使用的数据结构和数据分析工具,基础是 NumPy(提供高性能的矩阵运算),可以从各种文件格式比如 CSV、JSON、SQL、Excel 导入数据。Pandas 可以对各种数据进行运算操作,比如归并、再成形、选择,还有数据清洗和数据加工特征。Pandas 广泛应用在学术、金融、统计学等各个数据分析领域。

Pandas 最初由 AQR Capital Management 于 2008 年 4 月开发,并于 2009 年底开源,目前由专注于 Python 数据包开发的 PyData 开发团队开发和维护,属于 PyData 项目的一部分。Pandas 最初被作为金融数据分析工具而开发,因此,Pandas 为时间序列分析提供了很好的支持。Pandas 的名称来自于面板数据(Panel Data)和 Python 数据分析(Data Analysis)。Panel Data 是经济学中关于多维数据集的一个术语,在 Pandas 中也提供了 Panel 的数据类型。

Pandas 纳入了大量库和一些标准的数据模型,提供了高效地操作大型数据集所需的工具。Pandas 提供了大量能使我们快速便捷地处理数据的函数和方法。

2.2.3 Matplotlib 库

Matplotlib 是 Python 的绘图库，它提供了一整套和 MATLAB 相似的命令 API，可以生成出版质量级别的精美图形。Matplotlib 使绘图变得非常简单，在易用性和性能间取得了优异的平衡。Matplotlib 库主要用于在 Python 中可视化数据。可以使用 Matplotlib 在 Python 中创建静态、动态和交互式的数据可视化效果。对于以更直观的方式显示数据，Matplotlib 非常有用。

Matplotlib 可以绘制线图、散点图、等高线图、条形图、柱状图、3D 图形甚至是图形动画等。Matplotlib 通常与 NumPy 和 SciPy 一起使用。

2.2.4 Seaborn 库

Seaborn 是 Python 中的一种数据可视化库，它可以让用户更加轻松地创建美观和有用的图表，帮助用户更好地理解和探索数据。Seaborn 其实是在 Matplotlib 的基础上进行了更高级的 API 封装，从而使得作图更加容易。

Seaborn 的主要作用包括以下几个方面。

- 数据可视化：Seaborn 提供了多种常见的图表类型，如散点图、线图、柱状图、箱线图等，可以快速创建各种美观而又有用的图表。
- 样式控制：Seaborn 内置了多种不同的样式和颜色主题，可以轻松地修改图表的外观，使其更加符合个人或团队的品牌形象。
- 统计分析：Seaborn 集成了多种统计分析工具，例如，回归分析、核密度估计、分类汇总等，可以帮助用户更深入地理解数据，并从中发现有用的信息。
- 多变量数据可视化：Seaborn 能够处理多变量数据，可以使用散点图、热力图等方式展示变量之间的关系和趋势。
- 网格绘图：Seaborn 支持网格布局，可以让用户在一个图表中同时展示多个图形，更加高效地进行对比和分析。

2.2.5 Scikit-learn 库

Scikit-learn（以前称为 scikits.learn，也称为 sklearn）是针对 Python 编程语言的免费机器学习库。它具有各种分类、回归和聚类算法，包括支持向量机、随机森林、梯度提升、k 均值和 DBSCAN，并且旨在与 Python 数值科学库 NumPy 和 SciPy 联合使用。

Scikit-learn 主要是用 Python 编写的，并且广泛使用 Numpy 进行高性能的线性代数和数组运算。此外，用 Cython（一种编程语言，可以编写 C 扩展，语法与 Python 基本一致）编写了一些核心算法来提高性能。支持向量机由围绕 LIBSVM 的 Cython 包装器实现；逻辑回归和线性支持向量机的相似包装围绕 LIBLINEAR。在这种情况下，可能无法使用 Python 扩展这些方法。

Python 有丰富的第三方库，以上介绍的仅仅是其中很小的一部分，尤其是 Python 用于开发机器学习、深度学习和分布式机器学习的库非常丰富，而且不断在更新，本书将在后面的章节中详细介绍以上五个库。相信当大家掌握以上五个库之后，再学习和使用其他库会感觉到异曲同工之妙。

2.3 Python 数据分析初上手

本节首先介绍一个 Python 数据分析的框架例程。框架例程不是一个可以直接运行的完整程序，主要用于说明数据分析的全过程，让读者有一个整体上的认识。

2.3.1 数据的导入

数据导入前需要采集相应的数据，然后再导入到程序中，数据采集本书不涉及。本节直接从已有的数据文件导入开始介绍。

要导入的数据文件常见的格式主要是 Excel 文件格式、csv 文件格式、json 文件格式和 txt 文件格式。

1. 导入 xls、xlsx 格式数据

Excel 文件格式有 xls、xlsx 两种，都可以使用 read_excel 方法导入。read_excel 方法返回的结果是 DataFrame，DataFrame 的一列对应着 Excel 的一列。

```
import pandas as pd
data = pd.read_excel(path)
```

2. 导入 csv 格式数据

csv 是一种用分隔符分割的文件格式。由于 Excel 文件在存放巨量数据时会占用极大空间，且导入时也存在占用极大内存的缺点，因此，巨量数据常采用 csv 格式。导入 csv 格式的文件需要用到函数：read_csv，sep 参数表示要导入的 csv 文件的分隔符，默认值是半角逗号。

```
import pandas as pd
data = pd.read_csv(path,encoding="utf-8")
data = pd.read_csv(path,sep=',',encoding="utf-8")
```

3. 导入 json 格式数据

用 Pandas 模块的 read_json 方法导入 json 数据，其中的参数为 json 文件的路径。

```
import pandas as pd
data  = pd.read_json(path)
```

4. 导入 txt 格式数据

需要导入存于 txt 文件中的数据时，可以使用 Pandas 模块中的 read_table 方法。它的参数和用法与 read_csv 方法类似。

```
import pandas as pd
data = pd.read_table(path)
```

以上例程使用的是 Pandas 库的相关方法，参数 path 代表的是保存好的相应文件路径。

2.3.2 数据的导出

有数据的导入，就有数据的导出，导出的数据需要保存到相应的文件中。上面导入数据使用了四种文件格式，导出文件的选择由程序编写者决定，这里仅以 xlsx 格式和 csv 格式为例，如果需要导出其他格式，可以查阅 Pandas 中的相应方法。

1. 导出 xlsx 格式数据

导出为 xlsx 格式数据需要用到函数 to_excel，其参数如下。

- sheet_name：字符串，默认值为"Sheet1"，指包含 DataFrame 数据的表的名称。
- np_rep：字符串，默认值为空字符，指缺失数据的表示方式。
- columns：序列，可选参数，指要编辑的列。
- header：布尔型或字符串列表，默认值为 True。如果给定字符串列表，则表示它是列名称的别名。
- index：布尔型，默认值为 True，指行名（索引）。
- index_label：字符串或序列，默认值为 None。如果文件数据使用多索引，则需使用序列。
- encoding：指定 Excel 文件的编码方式，默认值为 None。

```
import pandas as pd
data = pd.read_excel(path)
data.to_excel(path,encoding='gbk')
data2 = pd.read_excel(path)
work = pd.ExcelWriter('path')
data.to_excel(work,sheet_name='data')
data2.to_excel(work,sheet_name="data2")
```

2. 导出 csv 格式数据

使用 csv 格式数据输出需要用到函数 to_csv。其参数如下。

- path_or_buf：要保存的路径及文件名。
- sep：分割符，默认值为","。
- columns：指定要输出的列，用列名、列表表示，默认值为 None。
- header：是否输出列名，默认值为 True。
- index：是否输出索引，默认值为 True。
- encoding：编码方式，默认值为"utf-8"。

```
import pandas as pd
data = pd.read_csv(path,sep=",",encoding="utf-8",nrows=10)
data.to_csv("test.csv",nrows=10)
```

2.3.3 数据预处理

数据预处理包括加载数据并查看数据基本信息、缺失值处理、重复值处理、检测异常值、数据类型检查、索引设置、其他相关工作等操作，以上操作需要通过 Pandas 的相关函数完成，具体请参照以下程序代码。

1. 加载数据并查看数据基本信息

拿到数据文件之后首先需要加载到程序中，并先读取数据文件的基本信息，以下代码用于数据加载并查看数据的基本信息。

```
import pandas as pd
```

```
data = pd.read_csv(path)
# 使用 info()方法查看数据基本类型
data.info()
# 查看数据表的大小
d = data.shape[0]
w = data.shape[1]
# 数据格式的查看
type(data)
# series 的查看
data.dtype
# dataframe 的查看
data.dtypes
# 查看具体的数据分布。在进行数据分析时,常常需要对数据的分布进行初步分析,包括统计数据中各元素的个数、均值、方差、最小值、最大值和分位数
data.describe()
```

2. 缺失值处理

如果数据中存在缺失值,需要填充缺失数据,用什么样的数据进行填充,需要根据数据集的特点、数据分析的基本需求来衡量。以下代码展示了常用的处理缺失值的方法。

```
import pandas as pd
data = pd.read_csv(path)
# 缺失值检查
# isnull()方法。isnull 函数返回值为布尔值,如果数据存在缺失值,返回 True;否则,返回 False
data.isnull()
# 缺失值删除
# dropna()方法用于删除含有缺失值的行
data.dropna()
# 当某行或某列值都为 NaN 时,才删除整行或整列
data.dropna(how='all',axis=0)# 当整行都是 None 时,删除整行
# 当某行有一个数据为 NaN 时,就删除整行;当某列有一个数据为 NaN 时,就删除整列
data.dropna(how='any',axis=0)
data.dropna(how='any',axis=1)
# 缺失值替换/填充
# 在 data 数据中,利用各列值的均值填补缺失数据
data.fillna(data.mean())
# 使用近邻填补法,即利用缺失值最近邻居的值来填补数据,对 df 数据中的缺失值进行填补
data.fillna(method='bfill')
# 在本案例中,可以将 fillna()方法的 method 参数设置为 bfill,来使用缺失值后面的数据进行填充
# 使用缺失值前面的值进行填充来填补数据
data.fillna(method='ffill')
# 请利用二次多项式插值法对 df 数据中 A 列的缺失值进行填充
data['A'].fillna(method='polynomial',order=2)
# 请使用 Python 完成对 df 数据中 A 列的三次样条插值填充
data['A'].fillna(method='spline',order=3)
```

3. 重复值处理

利用 duplicated()方法检测冗余的行或列,默认是判断全部列中的值是否全部重复,并返回布尔类型的结果。对于完全没有重复的行,返回值为 False。对于有重复值的行,第一次出现重复的那一行返回 False,其余的返回 True。

```python
import pandas as pd
data = pd.read_csv(path)
data.duplicated()
# drop_duplicates()方法。利用 duplicates()方法去除冗余数据,即删除冗余的所有行,
# 默认是判断全部列
data.drop_duplicates()
```

4. 检测异常值

query 方法和 boxplot 方法。首先使用 Pandas 库中的 query 方法查询数据中是否有异常值。然后通过 boxplot 方法检测异常值。

```python
import pandas as pd
import matplotlib.pyplot as plt
data = pd.read_csv(path)
# 假设 B 列大于 1000
data.query('B<1000')
# 画图
plt.boxplot(df['B'])
```

处理异常值的方法如下。

- 删除。
- 将异常值当缺失值处理,以某个值填充。
- 将异常值当特殊情况进行分析,研究异常值出现的原因。

5. 数据类型检查

利用 NumPy 库的 arange 函数创建一维整数数组,并查看数据类型。

```python
import numpy as np
arr = np.arange(0,10)
arr.dtype
```

利用 NumPy 库的 arange 函数创建一维浮点数数组 arr1,然后将 arr1 数组的数据类型转换为整型。

```python
arr1 = np.arange(1,5,0.5)
arr1.astype(np.int)
```

6. 索引设置

Pandas 中索引的作用为:更方便地查询数据;使用索引可以提升查询性能。

```python
# 添加索引
import pandas as pd
import numpy as np
data = pd.Series([i for i in range(1,6)],['a','b','c','d','e'])
# 某公司销售数据集"work.csv"内容如下,请设定日期为索引,并用 Python 实现
# set_index 函数,可以指定某一字段为索引
data = pd.read_csv("work.csv")
data1 = data.set_index('date')
# 更改索引。在该案例中,除了可以用 set_index 方法重置索引外,还可以在导入 csv 文件的
# 过程中,设置 index_col 参数重置索引,代码及结果如下
data2 = pd.read_csv("work.csv",sep=",",encoding="gbk",index_col="日期")
```

```
# 重建索引
data3 = data.reindex([...])
# 重建行和列
data4 = data.reindex(index=new_index,columns=new_columns)
```

7. 其他相关工作

```
# 大小写转换
lower()                              # 大变小
upper()                              # 小变大
# 按列增加数据
import pandas as pd
import numpy as np
data = pd.read_csv(path)
data.insert(num,'name',value)        # num 是第几列，name 是列名，value 是值
data.loc[:,'name'] = value
# 按行增加数据
data.append(new_data)
data.loc['index'] = value
data.iloc[num,:] = value             # num 是第几行
# 数据删除
"""
```

关键点：该案例中，使用 DataFrame 的 drop()方法删除数据中某一列。drop()方法的参数说明如下。

- labels：表示行标签或列标签。
- axis：axis=0，表示按行删除；axis=1，表示按列删除。默认值为 0。
- index：删除行，默认值为 None。
- columns：删除列，默认值为 None。
- inplace：可选参数，对原数组做出修改并返回一个新数组。默认值是 False，如果为 True，那么原数组直接被替换。

2.3.4 数据的选择和运算

本小节介绍了数据的索引和切片、多表合并、数据分类汇总和统计、时间序列等内容，这些操作在数据统计分析时会经常用到。

1. 数据的索引和切片

Python 的序列操作使得处理数据的便捷性大大提高，灵活运用索引和切片操作，可以帮助我们精准定位需要处理的数据。

```
a[m:n:p]# m 开始, n 结束, p 步长
a[:,0]# 第一列
# 布尔索引
import numpy as np
arr = np.arange(3)
bool1 = np.array(True,False,True)
arr[bool1]# arr([0,1])
# 花式索引
arr[arr>value]
```

```
arr[arr<=value]=0
# series 可以用索引数值来选取
# 切片
# [下界：上界：步长]
arr[0:9:2]
# 返回 arr[0]、arr[2]、arr[6]、arr[8]组成的列表
```

2. 多表合并

在处理数据时，可能涉及多个表格的联合操作，这里介绍了多表合并的各种方法。

```
import pandas as pd
import numpy as np
pd.merage(data1,data2,on=index)# index 可以是一个键，也可以是一个列表
# 使用 join()方法合并数据集
DataFrame.join(other, on=None, how='left', lsuffix='', rsuffix='', sort=False)
# 使用 concat()方法合并数据集
pd.concat(objs,axis=0,join='outer',join_axes=None,ignore_index=False)
# 按照数据进行排序，首先按照 C 列进行降序排序，在 C 列相同的情况下，按照 b 列进行升序排序
data.sort_values(by=['c','b'],ascending=[False,True])
```

3. 数据分类汇总和统计

处理数据时，分类汇总和统计操作也是经常使用的，这里使用 groupby 函数完成。

groupby 分类统计按列分组分为以下三种模式。

- df.groupby(col)，返回一个按列进行分组的 groupby 对象。
- df.groupby([col1,col2])，返回一个按多列进行分组的 groupby 对象。
- df.groupby(col1)[col2] 或者 df[col2].groupby(col1)，两者含义相同，返回按列 col1 进行分组后 col2 的值。

4. 时间序列

在处理与时间相关的数据时，经常需要做时间序列操作，以下九个部分分别介绍了与时间序列相关的操作。

（1）获取当前日期

关键点：可以利用 datetime 模块 date 类的 today()方法将当前日期保存在变量中。

通过使用 date.today()，可以创建一个 date 类对象，其中包含了日期元素，如年、月、日，但不包含时间元素，比如时、分、秒。可以使用 year、month 和 day 来捕获具体的日期元素。

```
import datetime
date = datetime.date.today()
print(date)
print(date.year)
print(date.month)
print(date.day)
```

（2）获取当前日期和时间

关键点：可以利用 datetime 模块 datetime 类的 today()方法将当前日期和时间保存在变量中。

```
import datetime
date = datetime.datetime.today()
print(date)
```

```
print(date.year)
print(date.month)
print(date.day)
```

(3)获取当前时间

关键点：可以利用 datetime 模块 datetime 类的 now()方法将当前日期和时间保存在变量中。

```
date = datetime.datetime.now()
print(date)
```

(4)获取时间戳

时间戳是以格林尼治时间 1970 年 01 月 01 日 00 时 00 分 00 秒为基准计算所经过时间的秒数，是一个浮点数。Python 的内置模块 time 和 datetime 都可以对时间格式数据进行转换，如时间戳和时间字符串的相互转换。

```
import time
time.mktime(time.localtime())
```

(5)将时间戳数据转换成系统时间

关键点：可以利用 time 模块的 strftime 函数可以将时间戳转换成系统时间。

```
import pandas as pd
import time
time = time.strftime(("%Y-%m-%d %H:%M:%S"),time.localtime(time.mktime(time.localtime())))
```

(6)将字符串"2022-01-15"转换成时间类型的数据格式

关键点：可以用 strptime 函数将日期字符串转换为 datetime 数据类型，可以用 Pandas 的 to_datetime 函数将日期字符串转换为 datetime 数据类型。to_datetime 函数转化后的时间精准到时分秒精度。

```
import datetime
datestr = "2022-01-15"
datetime.datetime.strptime(datestr,"%Y-%m-%d")
# 字符串和时间转换
import pnadas as pd
datestrs = "2022/01/15"
pd.to_datetime(datestrs)
```

(7)根据给定的两个时间类型的数据计算两个时间的不同之处

关键点：利用 datetime 将时间类型数据进行转换，然后利用减法运算，计算时间的不同之处，默认输出结果转换为用"天""秒"表达。

```
import datetime
delta = datetime.datetime(2022,1,16) - datetime.datetime(2022,1,11,1,12)
```

(8)将输出结果转换以"天"为单位

利用 delta.days 函数可以将输出结果转换以"天"为单位。

```
delta.days
```

(9)将输出结果转换以"秒"为单位

使用 delta.seconds 函数可以将输出结果转换以"秒"为单位。

```
delta.seconds
```

2.3.5 数据可视化

本小节包括绘制带有中文标题、标签和图例的正弦和余弦图像以及绘制余弦曲线图两个示例。涉及的相关库及函数在后续章节都有详细介绍。

1. 绘制带有中文标题、标签和图例的正弦和余弦图像

```
import numpy as np
import matplotlib.pyplot as plt
t = np.arange(0.0,2.0*np.pi,0.01)
s = np.sin(t)
c = np.cos(t)
plt.plot(t,s,label='正弦',color='red')
plt.plot(t,c,label='余弦',color='blue')
plt.xlabel("x-变量")
plt.ylabel("y")
plt.xlabel('x-变量',                    # 标签文本
    fontproperties='STKAITI',           # 字体
        fontsize=18)                    # 字号
plt.ylabel('y-正弦余弦函数值', fontproperties='simhei', fontsize=18)
plt.title('sin-cos 函数图像',           # 标题文本
    fontproperties='STLITI',            # 字体
        fontsize=24)                    # 字号
plt.show()
```

显示结果如图 2.1 所示。

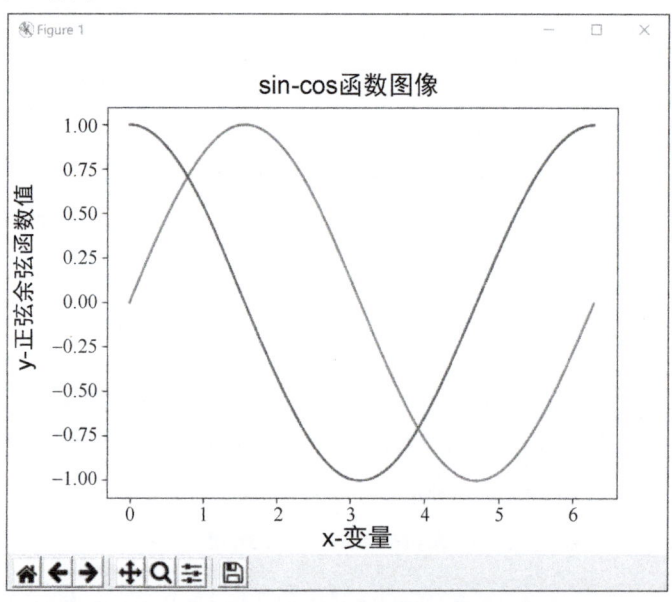

图 2.1 sin-cos 函数图像

2. 绘制余弦曲线图

```
import numpy as np
import matplotlib.pyplot as plt
t = np.arange(0.0,np.pi*2,0.01)
c = np.cos(t)
plt.scatter(t,c)
plt.show()
```

显示结果如图 2.2 所示。

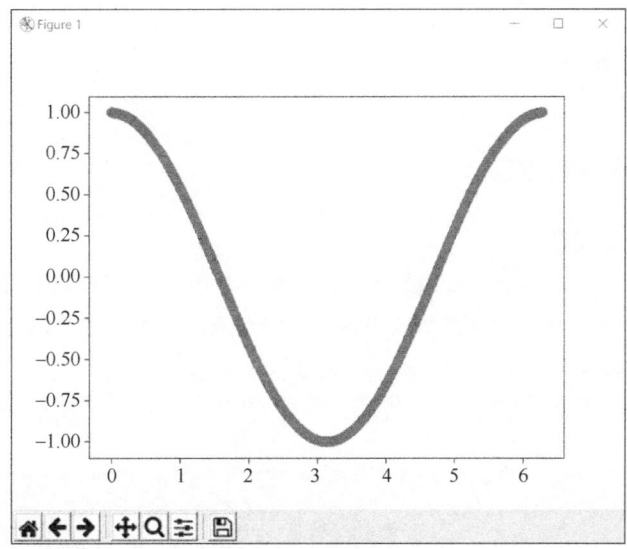

图 2.2　余弦曲线图

本章练习

简答题

1. 简述 Python 数据分析的基本步骤。
2. 简述 Python 做数据分析的优势。

第 3 章　Python 程序设计基础

本章首先介绍 Python 开发环境的搭建方法和过程，然后介绍 Python 的语法基础、Python 名字空间、基本数据类型、运算符与表达式，以及 Python 的代码规范。

3.1　Python 的安装

3.1.1　Python 解释器的安装

1. 下载 Python 安装包

在 Python 的官网（www.python.org）首页（如图 3.1 所示），单击选择 Downloads 选项卡，选择 Windows 选项，进入相应的下载列表页面，选择对应的版本（本书建议选择 Python3.7.9 版本），如图 3.2 所示。

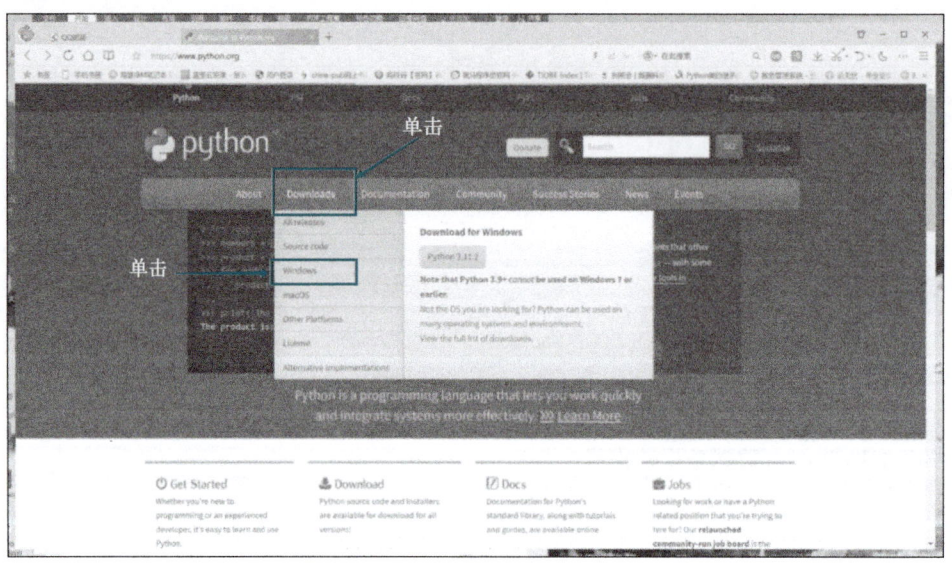

图 3.1　Python 官网首页

对列表文件前缀的说明如下。
- 以 Windows x86-64 开头的是 64 位的 Python 安装程序。
- 以 Windows x86 开头的是 32 位的 Python 安装程序。

对列表文件后缀的说明如下。
- embeddable zip file 表示.zip 格式的绿色免安装版本，可以直接嵌入（集成）其他的应用程序中。

Note that Python 3.5.10 *cannot* be used on Windows XP or earlier.

- No files for this release.

• Python 3.7.9 - Aug. 17, 2020

Note that Python 3.7.9 *cannot* be used on Windows XP or earlier.

- Download Windows help file
- Download Windows x86-64 embeddable zip file
- Download Windows x86-64 executable installer
- Download Windows x86-64 web-based installer
- Download Windows x86 embeddable zip file
- Download Windows x86 executable installer
- Download Windows x86 web-based installer

• Python 3.6.12 - Aug. 17, 2020

Note that Python 3.6.12 *cannot* be used on Windows XP or earlier.

- No files for this release.

图 3.2 下载列表页面

- executable installer 表示.exe 格式的可执行程序，这是完整的离线安装包，一般选择这个即可。
- web-based installer 表示是要通过网络安装的，也就是说，下载到的是一个空壳，安装过程中还需要联网。

双击下载的 python-3.7.9-amd64.exe 可执行程序，就可以正式开始安装 Python 了。

2. 安装 Python

1）双击 python-3.7.9-amd64.exe，弹出如图 3.3 所示的 Python 安装向导首页页面，选择自定义安装。

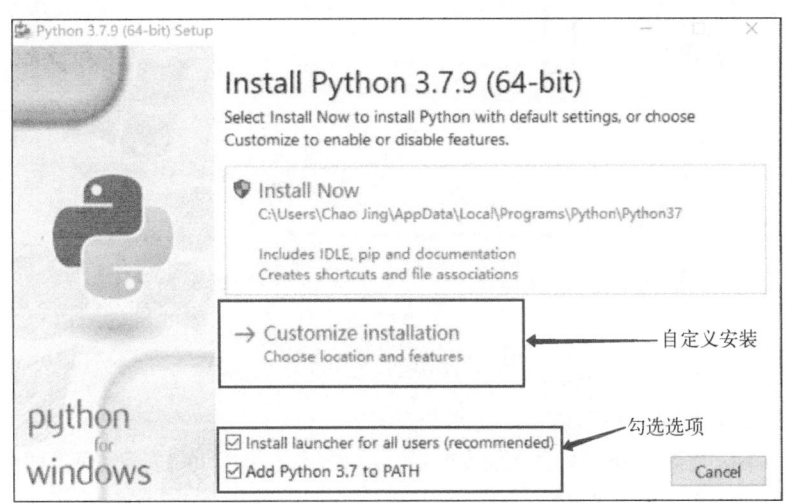

图 3.3 Python 安装向导首页页面

此界面中相关选项介绍如下。

- Install Now：默认安装（直接安装在 C 盘，并且选择下载所有组件）。
- Customize installation：自定安装（可选择安装路径和组件）。
- Install launcher for all users(recommended)：默认选中。

- Add Python 3.7 to PATH：一定要选中，添加 Python 解释器的安装路径到系统变量，以便于操作系统更快地找到 Python 解释器。

2）选择自定义安装后，进入如图 3.4 所示的页面。选择需要安装的组件，然后单击 Next 按钮进入下一步，进入如图 3.5 所示的页面。

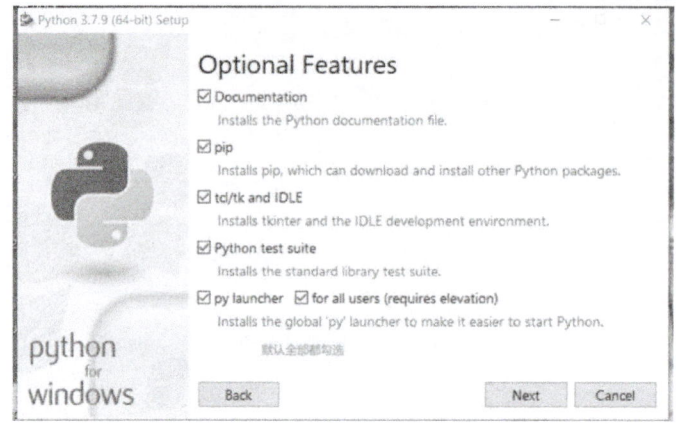

图 3.4　选择需要安装的组件

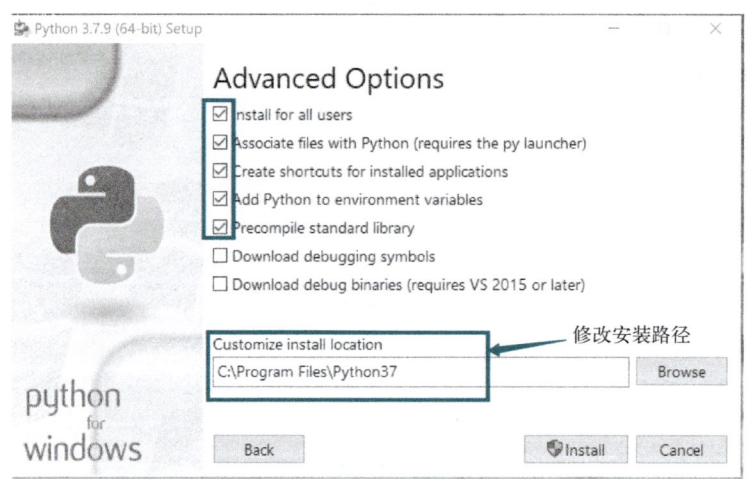

图 3.5　自定义路径安装

3）在如图 3.5 所示页面中可以自定义路径安装。

4）单击 Install 按钮开始安装。完成安装后，会显示安装成功的提示界面，如图 3.6 所示。最后，单击 Close 按钮，关闭即可。

3．测试

Python 安装完成之后，需要检测是否安装成功。用系统管理员身份运行命令行工具 cmd，输入"python -V"或者"python --version"命令，然后按<Enter>键，若弹出如图 3.7 所示的 Python 版本窗口，则表示安装成功。

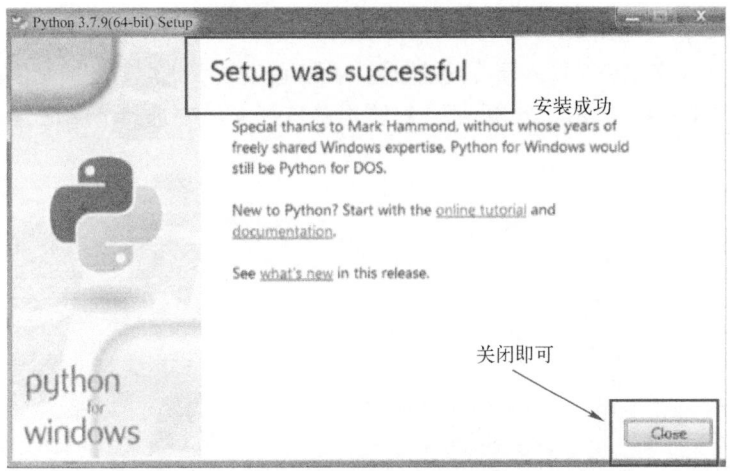

图 3.6　安装成功提示界面

图 3.7　查询 Python 版本窗口

4．写程序

安装成功之后，就可以编写第一个 Python 程序"Hello World！"。打开 cmd，输入"python"命令后按<Enter>键，出现>>>提示符，表示进入 Python 解释器，可以进行 Python 编程了。在>>>提示符之后输入 print("Hello World!")语句，然后按<Enter>键，解释器会显示 Hello World！，如图 3.8 所示。

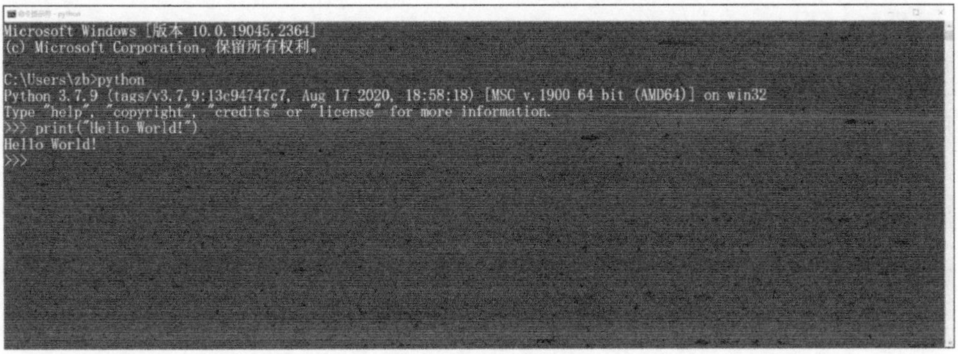

图 3.8　显示 Hello World！页面

5. 配置 Python 环境变量

在安装时,如果忘记选择加入环境变量图标,那么就需要手工配置环境变量,之后才能使用 Python。配置的方法为:右击"此电脑",在弹出的快捷菜单中选择"属性"命令,如图 3.9 所示。

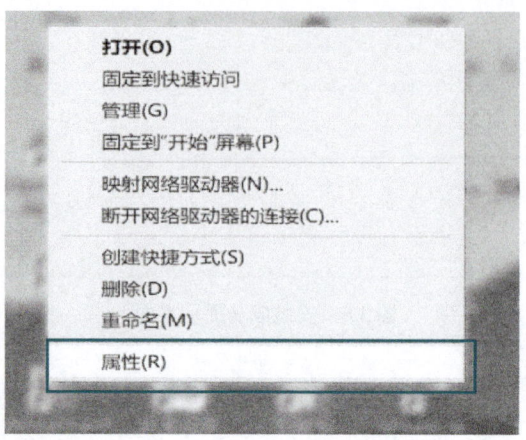

图 3.9 计算机"属性"命令框

在弹出的对话框中单击"高级系统设置"选项,如图 3.10 所示。

图 3.10 高级系统设置

在弹出的对话框中单击"环境变量"按钮,如图 3.11 所示。

26

图 3.11　环境变量

在弹出的对话框中进行环境变量的配置,如图 3.12 所示。

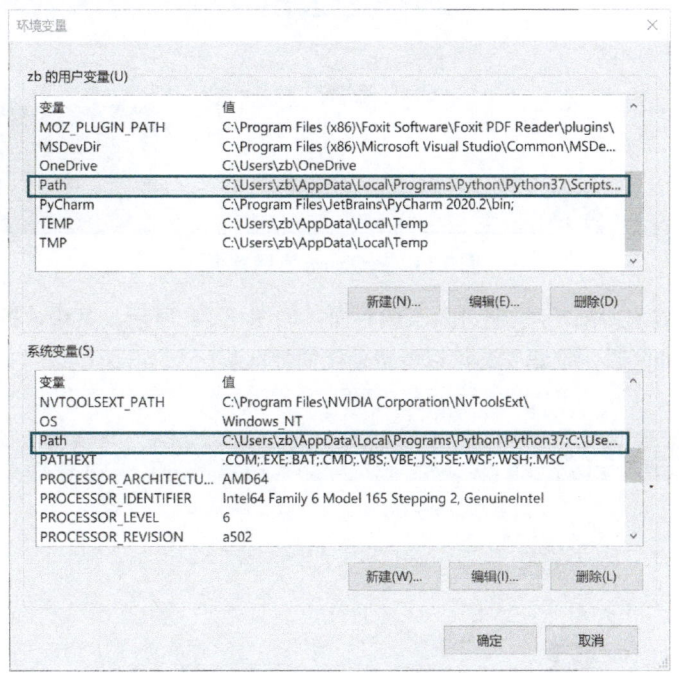

图 3.12　环境变量的配置

找到"系统变量"中的 Path 一项,选中后单击"编辑"按钮,将之前安装的 Python 的完整路径加到其中,注意:需要加入半角的";",然后单击"确定"按钮,保存所做的修改。至此,完成环境变量的配置。这里补充说明一点,在用户变量中也有对应的 Path 选项,如果在对应位置也加入路径，则表示用户的变量路径中也存在对应的路径。设置完成之后，可以按照上述方法进行测试，以确保环境变量配置正确。

以上就是 Python 的安装方法。Python 解释器安装完成之后，通常还需要安装 PyCharm。PyCharm 是一种 Python IDE（Integrated Development Environment，集成开发环境），在编写 Python 程序时，通常用 PyCharm 进行开发、调试和管理工程。

3.1.2　PyCharm 集成开发环境的安装

1. 下载 PyCharm 安装包

PyCharm 拥有一般 IDE 应具备的功能，比如调试、语法高亮、项目管理、代码跳转、智能提示、自动完成、单元测试、版本控制等。

1）登录 PyCharm 的官网（https://www.jetbrains.com/pycharm/），首页如图 3.13 所示。

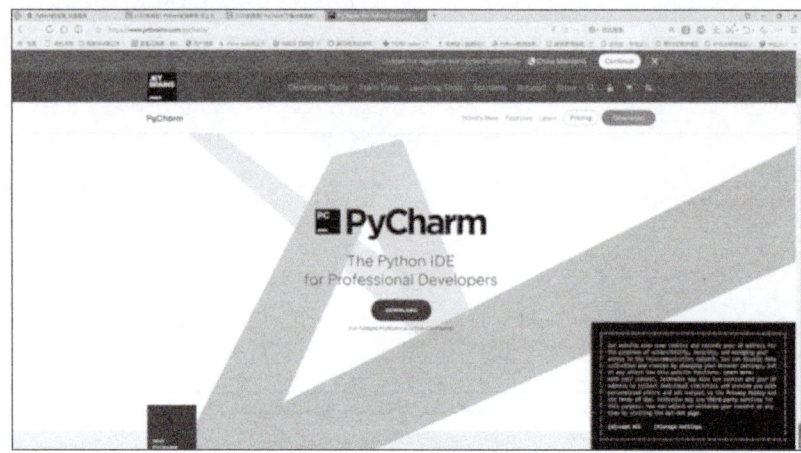

图 3.13　PyCharm 官网首页

2）单击"DOWNLOAD"按钮进入下载界面，如图 3.14 所示。其中，Professional 是专业版，Community 是社区版，推荐安装可以免费使用的社区版。

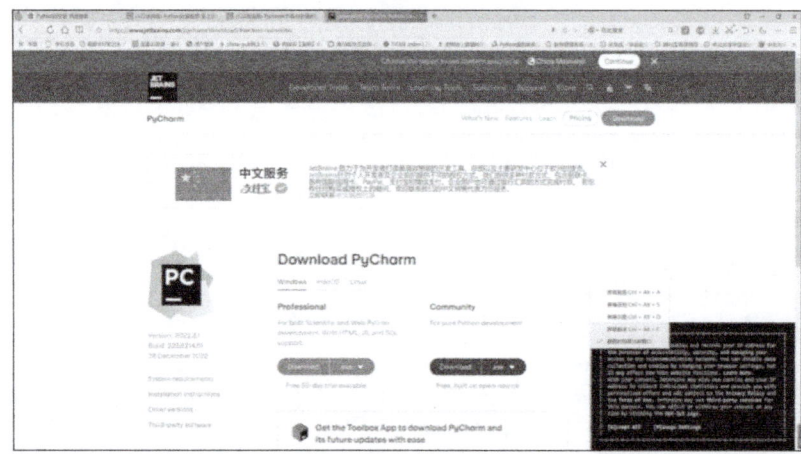

图 3.14　下载界面

3）找到下载好的.exe 可执行程序后，双击图标，打开安装向导，如图 3.15 所示。

图 3.15　安装向导页面

4）单击"Next"按钮（见图 3.15），进入安装路径选择界面，选择安装路径后，单击"Next"按钮，如图 3.16 所示。

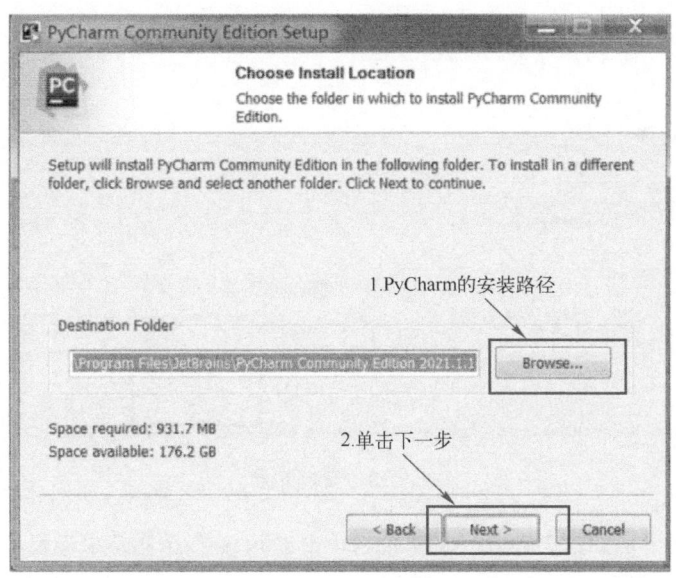

图 3.16　安装路径

5）在如图 3.17 所示的安装选项选择页面，选中所有复选框，单击"Next"按钮，进入如图 3.18 所示的安装页面。单击"Install"按钮开始进行安装。

图 3.17 安装选项选择页面

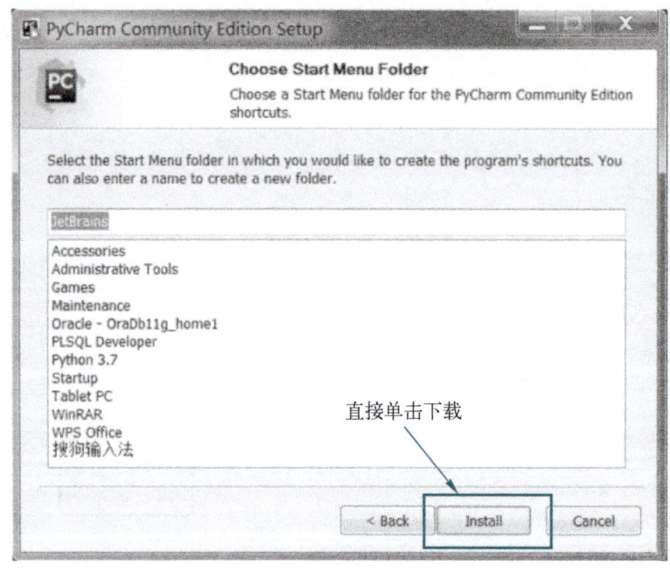

图 3.18 安装页面

6）完成安装后弹出如图 3.19 所示的页面，单击"Finish"按钮结束安装。

2. 创建第一个程序

单击桌面上的 PyCharm 快捷启动图标，首次使用 PyCharm 会出现如图 3.20 所示的协议页面，选择同意；单击"Continue"按钮，进入如图 3.21 所示的数据共享设置界面，单击"Don't Send"按钮。

图 3.19 安装完成

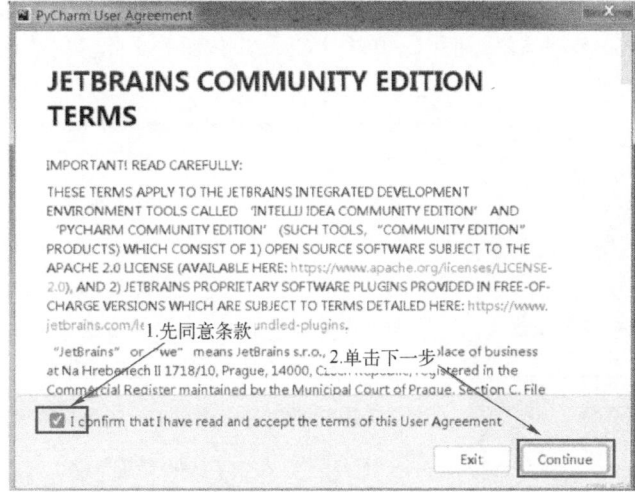

图 3.20 初始协议页面

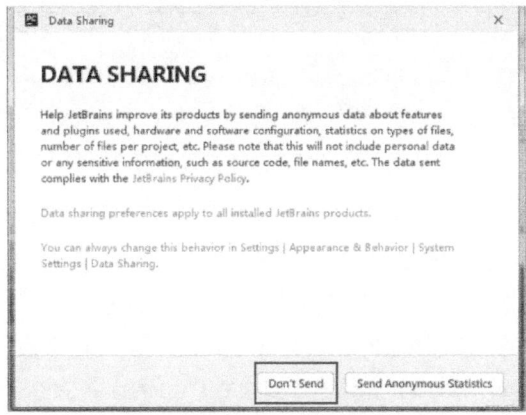

图 3.21 数据共享设置界面

完成之后，进入 PyCharm 主界面，如图 3.22 所示。

图 3.22　PyCharm 主界面

新建项目单击"New Project"按钮，弹出如图 3.23 所示的项目选项设置页面。在其中选择已经安装好的 Python 位置，以便连接 Python 解释器；单击"Create"按钮，完成项目的创建；在如图 3.24 所示的 Python 教程信息页面中，单击"Close"按钮关闭此窗口，打开如图 3.25 所示的工程窗口。

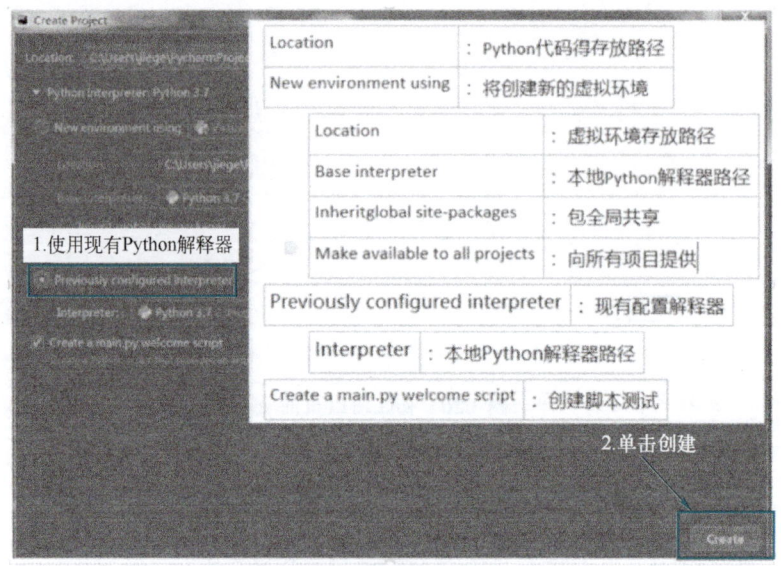

图 3.23　项目选项设置页面

在菜单栏中选择"File->New->Python File"命令，或者右击项目名称选项卡标签，在弹出的快捷菜单中选择命令（见图 3.26a），创建 Python 文件；然后，在图 3.26b 所示的对话框中编写 Python 文件名称；最后单击"OK"按钮，完成 Python 文件创建。

在如图 3.25 所示的工程窗口中的 Python 程序编辑区中写入 Python 代码。右击代码部分，出现上下文菜单，选择"Run"命令运行程序。如果程序正确，将会在下面的运行结果区中显示 Python 程序的运行结果。

第 3 章　Python 程序设计基础

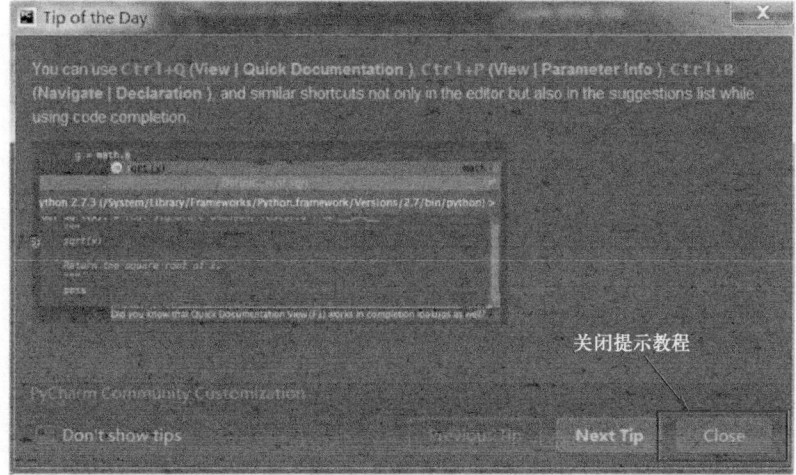

图 3.24　Python 教程信息

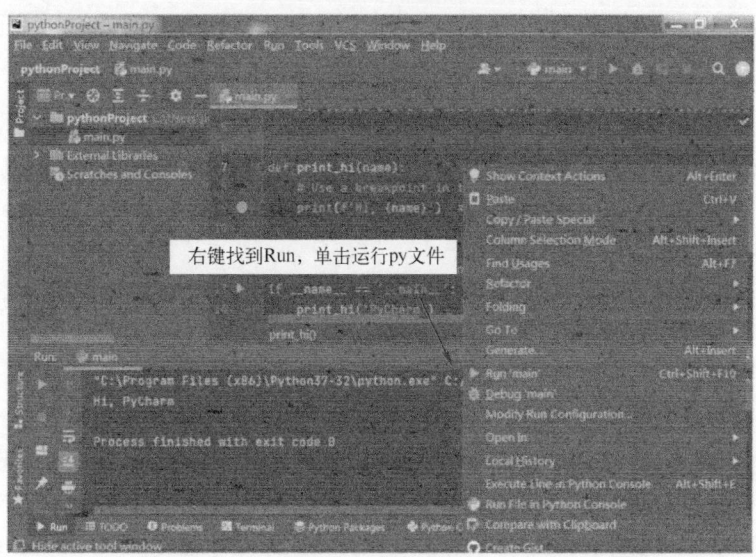

图 3.25　工程窗口

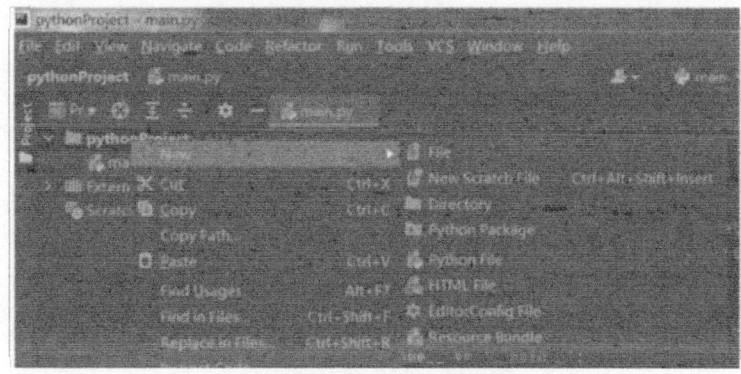

a)　"File–>New–>Python File"命令

图 3.26　创建 Python 文件页面

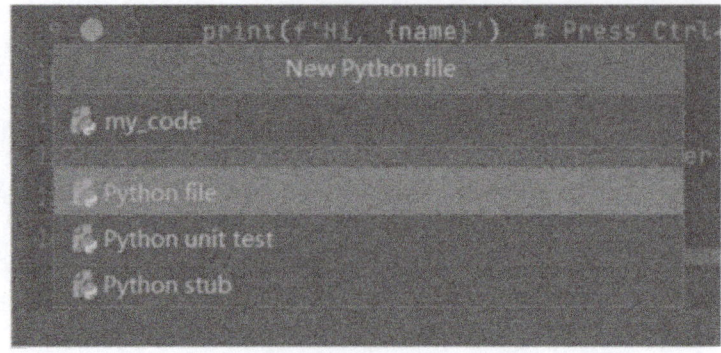

b) 给Python文件命名

图 3.26　创建 Python 文件页面（续）

3.1.3　Python 包管理工具 pip

1. pip 概述

pip 是 Python 的包管理工具，全称是 Package Installer for Python。现在发布的 Python 会自带 pip，提供 Python 包的查找、下载、安装、卸载等管理功能，进一步扩展 Python 的功能。

pip 是和安装的 Python 一一对应的，只管理其所属的 Python，如果在计算机中安装了多个 Python 版本，那就需要使用各自的 pip 来管理各自的包。可以在命令行中输入 "pip --version" 命令来查看 pip 的版本信息，以及其对应的 Python 安装目录和版本信息。

pip 安装 Python 第三方包时，只需要知道包名即可。这些包默认是从 Python 官方的 PyPI 仓库上下载下来的。PyPI 的官网网址为 https://pypi.org/。

2. pip 命令介绍

pip 是一个命令行工具，主要是通过命令行来使用。安装 Python 时应选中 "Add Python 3.7 to PATH" 复选框（见图 3.3），让其自动配置环境变量，在使用时只需要输入命令名即可，无须跳转到对应目录。如果没有勾选该选项，可以自行将 Python 的以下两个路径添加到 PATH 环境变量中，方法详见 3.1.1 节中 "5. 配置 Python 环境变量" 的介绍。添加环境变量时，\Python\Python37 为 Python.exe 的路径，\Python\Python37\Scripts 为 pip.exe 的路径。加入 Scripts 的环境变量之后，在 cmd 命令行中输入 "pip -V" 或者 "pip --version" 命令，则会显示本机的 pip 版本，如图 3.27 所示。

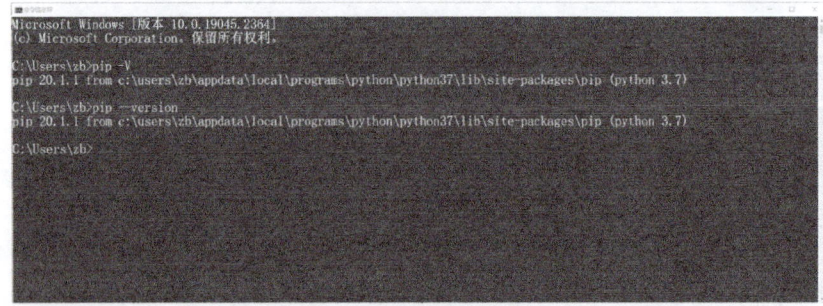

图 3.27　pip 版本显示命令

在 cmd 命令行下，输入 pip 命令，按<Enter>键确认，可以看到帮助说明。

```
"C:\Users\zb>pip"
```

pip 安装后的第三方包在 Python 中的安装位置为 Python 目录\Lib\site-packages。安装位置可以通过使用"pip show <package>"命令显示包信息来查看，Location 项即为包的安装位置。

输入命令"pip install <package>"即可在线安装第三方包。在 Python 官方的 PyPI 仓库中下载第三方包时，网速可能会比较慢且容易出问题，可以通过国内的一些镜像源（如阿里云、清华、豆瓣等）来下载，这些镜像源隔几分钟就与 Python 官方的 PyPI 仓库进行同步。在命令中加上"-i<下载源地址>"选项即可。

指定下载源下载命令为"pip install -i<下载源地址><package>"。

例如，使用阿里云 PyPI 镜像源下载，pip install -i https://mirrors.aliyun.com/pypi/simple/ <package>。

若要安装特定版本的包，可以通过使用==、>=、<=、>、< 来指定版本范围。例如，"pip install PackageName==PackageVersion"。如果参数中间包含空格，容易导致执行不正确，这时可以使用引号防止出现识别问题，例如，"pip install 'PackageName==PackageVersion'"等。例如，安装指定版本范围内的最高版本的命令为"pip install'PackageName>PackageLowVersion, <PackageHighVersion'"等。例如，安装 Matplotlib 3.5.2 版本的命令为"pip install "Matplotlib==3.5.2""。

更新包至最新版本的命令为"pip install --upgrade <package>"，或者"pip install -U <package>"等。同样可以使用国内镜像源下载，例如，阿里云 PyPI 镜像源下载的命令为"pip install -i https://mirrors.aliyun.com/pypi/simple/ --upgrade <package>"。

列出已安装的第三方包的命令是"pip list"。

列出已安装的包中可以升级的包的命令是"pip list --outdated"或者"pip list -o"。

以需求格式列出已安装的包及版本的命令"pip freeze"。可以将当前配置的库环境导出，在另一个新的环境根据库环境配置。同时，可以使用">"重定向输出到文件中保存，不只是在命令行中显示。例如，将当前已安装的库以需求格式输出到文件 requirements.txt 中的命令为"pip freeze >requirements.txt"。需求格式（requirements format）即 package==version 的格式，指定了库的版本。

根据需求文件批量安装库时，如果使用了"pip freeze >文件名"命令将库导出到文件中后，可以根据这个文件来安装库，命令为"pip install -r 需求文件名"。

更新所有包至最新版可以通过 pip-review 包来完成。先下载并安装 pip-review 包命令为"pip install pip-review"。让 pip-review 包以交互的方式更新本地环境的包，命令为"pip-review --local --interactive"。执行后，会一个个地列出可以升级的包。可以输入"Y"或"N"决定是否更新该包。或者输入"A"直接更新所有的包。

更新 pip 至最新版本的命令为"python -m pip install --upgradep pip"。与之前的安装路径不同的是，这次是运行 python.exe，把 pip 作为模块来运行，而不是直接运行 pip.exe。如果直接使用"pip install"命令来安装 pip 本身，会因为 pip.exe 正在运行而没有权限进行写入，导致安装失败，并且在安装之前还需把 pip 卸载掉。如果出现了这个问题，需要使用命令"pip：python -m ensurepip"来恢复。

3. pip 镜像源的使用方法

前面提到使用"pip install"命令安装第三方包时，默认从 Python 官方的 PyPI 仓库下载，速度可能会比较慢，很容易安装失败，可以使用国内镜像源来下载，以提高下载速度。

临时使用镜像源下载。前面介绍的命令是若要默认从镜像源下载通过 pip 的配置命令配置 global.index-url 参数：pip config set global.index-url<镜像源地址>。例如，设置阿里云镜像源为默认源，命令为"pip config set global.index-urlhttps://mirrors.aliyun.com/pypi/simple/"。设置后可以使用命令"pip config unset global.index-url"来取消默认源的设置。

4．在 PyCharm 中安装第三方库的方式

在 PyCharm 中，安装第三方库有 3 种方式。

第 1 种：使用菜单命令"File->Settings"打开如图 3.28 所示的 Settings 对话框。

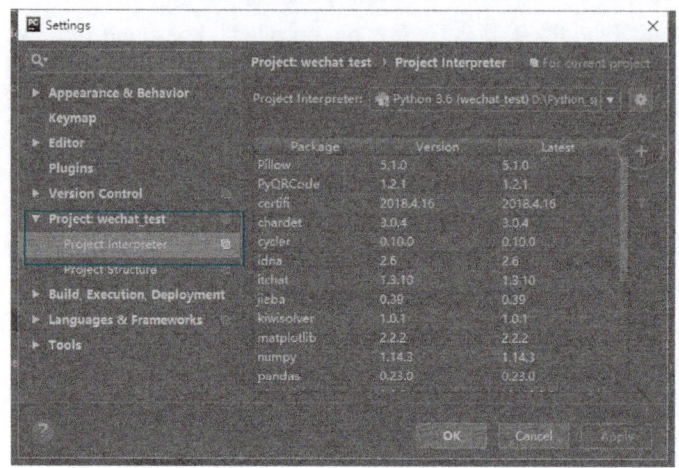

图 3.28　Settings 对话框

单击右侧的"+"按钮，选择需要导入的第三方库，如图 3.29 所示。最后单击"Install Package"按钮，等待安装完成即可。

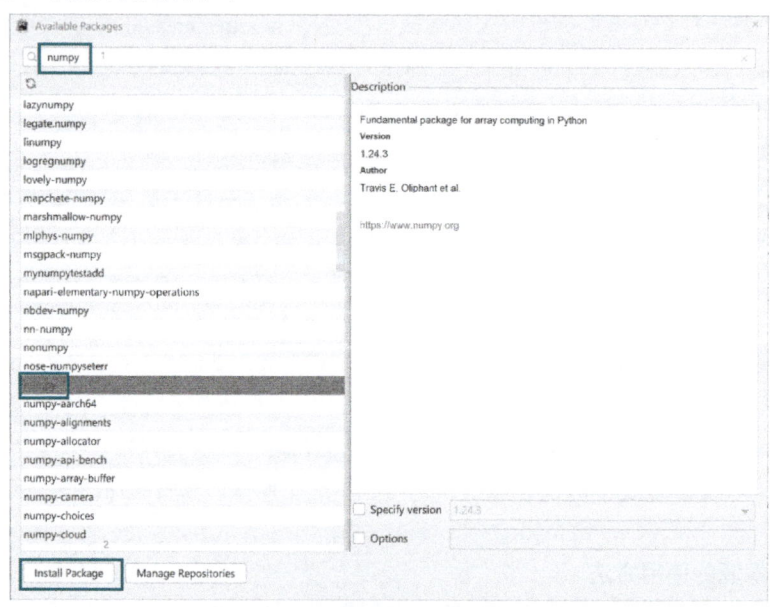

图 3.29　选择需要导入的第三方库

第 2 种：使用此方法的前提是已经在终端通过"pip install"命令成功安装了库。在 Windows 环境下，pip 会将下载的第三方库存放在路径[your path]\Python36\Lib\site-packages\中。在这个文件夹中，找到要引用的库，将其复制到[使用解释器路径]\Lib\site-packages\下即可。其中，使用的解释器如图 3.30 所示。

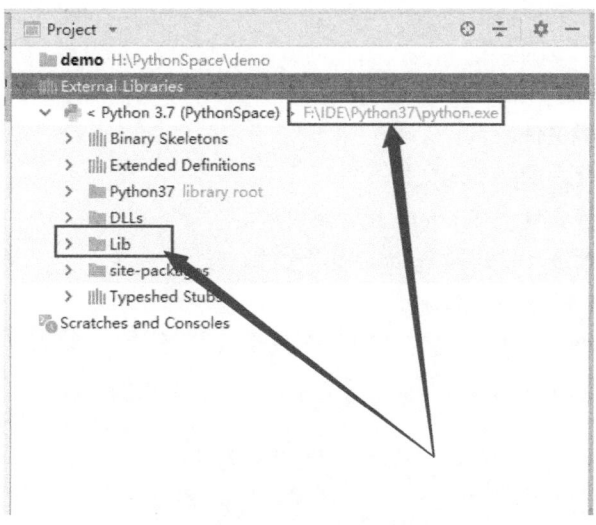

图 3.30　PyCharm 的 Lib

第 3 种：重新创建项目，创建的时候选中"Inherit global site-packages"复选框即可，如图 3.31 所示。

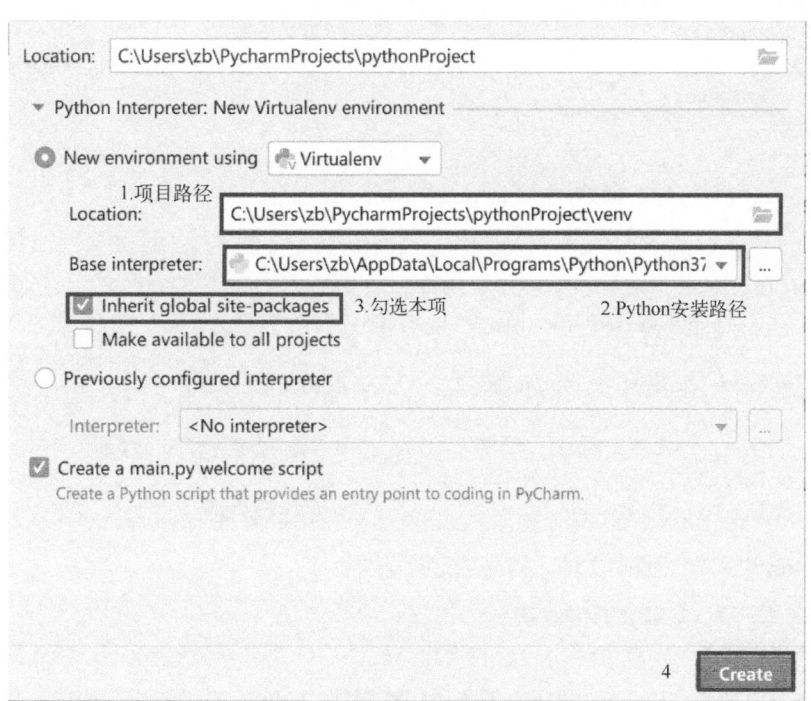

图 3.31　重新创建项目时的设置

3.1.4 Python 相关的文件

Python 系统软件既是一个 Python 程序开发环境，也是一个 Python 程序运行环境。Python 系统有以下几种类型的文件：

- py，Python 源代码文件。
- pyc,Python 字节码文件。
- pyw，Python 带用户界面的源代码文件。
- pyx，Python 包源文件。
- pyo，Python 优化后的字节码文件。
- pyd，Python 的库文件，在 Linux 上是 so 文件。

最常见的是*.py 和*.pyc 格式的 Python 程序文件。

首先看一个 Python 源程序示例。

【例 3.1】 在 PyCharm 里创建名为 "3.1.py" Python 源码文件，输入下列代码。

```
# -*- coding: utf-8 -*-                # 源代码编码格式
"""
Created on Sta Jan 7 21:09:58 2023     # 注释信息
@author: Administrator
"""
import datetime                        # 引入外部模块
# 获取当前时间                          # 注释信息
t=datetime.datetime.now()              # 源代码

def hi(name):                          # 定义函数
                                       # 注释及帮助信息，可以用__doc__获取字符串内容
    """
    Parameters
    ----------
    f:list
        files and directories list
    Returns
    -------
    flpy:list
        list only contains python files.
    """
    return 'hello:'+ str(name)         # 函数的返回值

if __name__ == "__main__":             # 判断是否运行在主模块
    print(t)
    print(hi('James'))                 # 程序源代码
```

在 PyCharm 中运行该源码文件，得到的运行结果如下。

```
2023-01-07 21:09:58.442720
hello:James
```

通过该例可以知道：Python 程序的每条语句都根据 Python 的语法规则构成，包含源码格式声明、注释、标识符、运算符、关键字、内置函数、类等。具体用法下文会详细叙述。

3.2 Python 语法基础

3.2.1 注释

写程序的目的除了能够正确运行出结果，还应该易懂，因此，足够的注释是写程序必备的内容。一般情况下，合理的代码注释应该占源代码的 1/3 左右。

注释语句的作用主要是备注程序代码功能和逻辑关系、算法的编写思路，以便于程序的后期维护。另外，符合规范的 Python 程序注释可以自动生成对应的帮助文档。Python 支持两种类型的注释，分别是单行注释和多行注释。

1. 单行注释

Python 使用 # 作为单行注释的符号，语法格式如下。

```
# 注释内容
从#开始，直到这行结束为止的所有内容都是注释。Python 解释器遇到#时，会忽略它后面的整行内容
```

说明多行代码的功能时一般将注释放在代码段的上一行，如下所示。

```
# 使用 print 输出字符串
print("Hello World!")
print("C 语言")
print("http://c.biancheng.net/python/")
# 使用 print 输出数字
print(100)
print( 3 + 100 * 2)
print( (3 + 100) * 2 )
```

说明单行代码的功能时一般将注释放在代码的右侧，如下所示。

```
print("http://c.biancheng.net/python/")     # 输出 Python 教程的地址
print( 36.7 * 14.5 )                         # 输出乘积
print( 100 % 7 )                             # 输出余数
```

2. 多行注释

多行注释指的是一次性注释程序中多行的内容（包含一行）。
Python 使用 3 个连续的单引号'''或者 3 个连续的双引号"""注释多行内容。语法格式如下。

```
'''
使用 3 个连续的单引号分别作为注释的开头和结尾
可以一次性注释多行内容
这里面的内容全部是注释内容
'''
或者
"""
使用 3 个连续的双引号分别作为注释的开头和结尾
可以一次性注释多行内容
这里面的内容全部是注释内容
"""
```

多行注释通常用来为 Python 文件、模块、类或者函数等添加版权或者功能描述信息。

注意：

1）Python 多行注释不支持嵌套。下面所示的写法是错误的。

```
'''
外层注释
    '''
    内层注释
    '''
'''
```

2）不管是多行注释还是单行注释，当注释符作为字符串的一部分出现时，就不能再将它们视为注释标记，而应该看作正常代码的一部分。如下文所示。

```
print('''Hello,World!''')
print("""http://c.biancheng.net/cplus/""")
print("# 是单行注释的开始")
```

运行结果：

```
Hello,World!
http://c.biancheng.net/cplus/
# 是单行注释的开始
```

对于前两行代码，Python 没有将这里的 3 个引号看作是多行注释，而是将它们看作字符串的开始和结束标志。

对于第 3 行代码，Python 也没有将#看作单行注释，而是将它看作字符串的一部分。

3．注释可以帮助调试程序

给代码添加说明是注释的基本作用，除此以外它还有另外一个实用的功能，就是用来调试程序。

举个例子，如果你觉得某段代码可能有问题，可以先把这段代码注释起来，让 Python 解释器忽略这段代码，然后再运行。如果程序可以正常执行，则可以说明错误就是由这段代码引起的；反之，如果依然出现相同的错误，则可以说明错误不是由这段代码引起的。

在调试程序的过程中使用注释可以缩小错误所在的范围，提高调试程序的效率。

3.2.2 关键字

Python 语言的关键字是构造 Python 程序代码的核心要素。关键字类似于英语中的单词，与用户定义的变量或函数组合构成程序语句。关键字可以按类别分为常量、逻辑运算、程序流程控制、异常与上下文处理、函数相关、模块与类管理六大类，具体如下。

- 常量：False、True、None。
- 逻辑运算：and、or、not、is、in。
- 程序流程控制：if、elif、else、for、while、pass、break、continue。
- 异常与上下文处理：assert、try、except、finally、raise、with。
- 函数相关：def、return、yield、await、async、lambda、nonlocal、global。

- 模块与类管理：import、as、from、del、class。

Python 提供了一个 keyword 模块，使用它可以查看当前 Python 的所有关键字。

【例 3.2】 查看当前 Python 版本所有关键字。

```
import keyword
print(keyword.kwlist)
print(len(keyword.kwlist))
```

程序运行结果：

```
['False', 'None', 'True', 'and', 'as', 'assert', 'async', 'await', 'break',
'class', 'continue', 'def', 'del', 'elif', 'else', 'except', 'finally', 'for', 'from',
'global', 'if', 'import', 'in', 'is', 'lambda', 'nonlocal', 'not', 'or', 'pass',
'raise', 'return', 'try', 'while', 'with', 'yield']
35
```

可以看出，该版本的 Python 有 35 个关键字，许多关键字与其他编程语言是相同的。

注意：用户自定义自变量、函数不能与关键字相同，否则程序会报错；另外，在 PyCharm 中，关键字会显示为蓝色，与普通代码（黑色）不同。

3.2.3 标识符

Python 语言中用户所定义的变量、函数、类名、模块等都是用标识符来表达的。标识符有严格的命名规则。

- 标识符不能与关键字相同。
- 标识符的第一个字符必须是字母（ASCII 码字符或者 Unicode 码字符）或下画线（_）。
- 标识符对英文的大小写敏感。
- 标识符的其他部分可以由字符、下画线、数字组成。
- 标识符长度没有限制。

总的来说，标识符是以字母、下画线开头的字母、下画线、数字的有序序列构成，并且与关键字不同。当然，这里的字母可以包含除英文外的其他字符，但是在集成开发环境中编写代码建议不要开启非英文输入法，因为如果输入非英文的标点符号，很容易出现错误，而且这种错误对初学者来说不容易排除。另外，标识符相当于程序员对自己程序的各种标识起名，一般起名需要有完整的寓意，所以建议使用连续的、完整的英文单词组成，并且以驼峰式命名规则，即第一个英文单词全部小写，之后每个英文单词首字母大写，其余字母小写。这样命名的名容易理解含义，配合注释方便理解。

Python 中的特殊标识符为下画线标识符。Python 有其专用的下画线标识符，一个下画线"_"或两个下画线"__"作为变量标识符的前缀和后缀来标识特殊变量。一个下画线开始的，表示是保护变量，只有类对象自己和子类对象能访问；两个下画线开始的，表示是私有变量，只有类对象自己能访问，连子类对象也不能访问；两个下画线开始、两个下画线结束的，通常是 Python 系统定义的。

3.2.4 内置常量

Python 内置的名字空间中已经定义了 6 个常量，如下所示。
- False：布尔类型的假值。
- True：布尔类型的真值。
- None：NoneType 类型的唯一值。
- Ellipsis：省略号文字，Python 使用 "…"，主要与用户定义的容器数据类型的扩展切片语法结合使用。
- __debug__：如果 Python 没有以-O 选项启动，则此常量为真值。
- NotImplemented：二进制特殊方法应返回的特殊值。

3.2.5 内置函数

Python 语言核心部分内置了 153 个内置函数（也称为内部函数）。在 Python 程序中，可以直接调用这些函数（https://docs.python.org/3.7/library/functions.html）。

【例 3.3】查看 Python 内置空间中的函数名、常量和关键字。

```
print(dir(__builtins__))
print(len(dir(__builtins__)))
```

运行结果如下（查看完整运行结果请参照附录代码，下同）。

```
153
```

Python 内置函数可以分为数字相关、数学运算、编码相关、序列相关、对象相关、系统函数、输入/输出和变量相关 8 个大类。
- 数字相关：bin、hex、oct、int、float、bool、complex。
- 数学运算：abs、min、max、sum、pow、round、divmod。
- 编码相关：ord、chr、ascii、bytes、bytearray、memoryview。
- 序列相关：str、list、set、frozenset、tuple、dict、iter、next、reversed、enumerate、len、filter、slice、sorted、map、range、zip、all、any。
- 对象相关：object、classmethod、getattr、delattr、staticmethod、issubclass、isinstance、hasattr、setattr、property、super、hash。
- 系统函数：dir、id、help、open、type、compile、callable、breakpoint、_import_。
- 输入/输出：eval、exec、repr、input、print、format。
- 变量相关：locals、globals、vars。

注意：要避免使用与内置函数名相同的标识符，否则，内置函数会被用户定义的同名标识符覆盖。

几个最为常用的内置函数如下。
- def id(*args, **kwargs): # real signature unknown，对象相关的常用内置函数。
- def dir(p_object=None): # real signature unknown; restored from __doc__，返回对象在内存中的地址。

- type(object)：查看对象的相关名字空间，返回该空间的对象列表。
- del object：删除 object 对象。
- def input(*args, **kwargs)：# real signature unknown，输入函数。
- def print(self, *args, sep=' ', end='\n', file=None)：# known special case of print，输出函数。

主要内置函数功能简介详见表 3.1。

表 3.1 主要内置函数功能简介

函数	功能简要说明
abs(x)	返回数字 x 的绝对值或复数 x 的模
all(iterable)	如果对于可迭代对象中所有元素 x 都等价于 True，也就是对于所有元素 x 都有 bool(x)等于 True，则返回 True。对于空的可迭代对象也返回 True
any(iterable)	只要可迭代对象 iterable 中存在元素 x 使得 bool(x)为 True，则返回 True。对于空的可迭代对象，返回 False
ascii(obj)	把对象转换为 ASCII 编码表示形式，必要的时候使用转义字符来表示特定的字符
bin(x)	把整数 x 转换为二进制表示形式
bool(x)	返回与 x 等价的布尔值 True 或 False
bytes(x)	生成字节串，或把指定对象 x 转换为字节串形式
callable(obj)	测试对象 obj 是否可调用。类和函数是可调用的，包含__call__()方法的类的对象也是可调用的
compile()	用于把 Python 代码编译成可被 exec()或 eval()函数执行的代码对象
complex(real,[imag])	返回复数
chr(x)	返回 Unicode 编码为 x 的字符
delattr(obj,name)	删除属性，等价于 "del obj.name" 语句
dir(obj)	返回指定对象或模块 obj 的成员列表。如果不带参数则返回当前作用域内的所有标识符
divmod(x, y)	返回包含商和余数的元组，等价于((x-x%y)/y,x%y)
enumerate(iterable[,start])	返回包含元素形式为(0,iterable[0]), (1,iterable[1]), (2,iterable[2]),...的迭代器对象
eval(s[,globals[,locals]])	计算并返回字符串 s 中表达式的值
exec(x)	执行代码或代码对象 x
exit()	退出当前解释器环境
filter(func,seq)	返回 filter 对象，其中包含序列 seq 中使得单参数函数 func 返回值为 True 的那些元素。如果函数 func 为 None，则返回包含 seq 中等价于 True 的元素的 filter 对象
float(x)	把整数或字符串 x 转换为浮点数并返回
frozenset([x]))	创建不可变的字典对象
getattr(obj,name[,default])	获取对象中指定属性的值，等价于 obj.name。如果不存在指定属性则返回 default 的值。如果要访问的属性不存在并且没有指定 default 值则抛出异常
globals()	返回包含当前作用域内全局变量及其值的字典
hasattr(obj,name)	测试对象 obj 是否具有名为 name 的成员
hash(x)	返回对象 x 的哈希值，如果 x 不可哈希则抛出异常
help(obj)	返回对象 obj 的帮助信息
hex(x)	把整数 x 转换为十六进制
id(obj)	返回对象 obj 的标识（内存地址）
input([提示])	显示提示，接收键盘输入的内容，返回字符串

（续）

函数	功能简要说明
int(x[,d])	返回实数（float）、分数（Fraction）或高精度实数（Decimal）x 的整数部分，或把 d 进制的字符串 x 转换为十进制并返回，d 默认为十进制
isinstance(obj,class-or-type-or-tuple)	测试对象 obj 是否属于指定类型（如果有多个类型的话需要放到元组中）的实例
iter(...)	返回指定对象的可迭代对象
len(obj)	返回对象 obj 包含的元素个数，适用于列表、元组、集合、字典、字符串及 range 对象和其他可迭代对象
list([x])、set([x])、tuple([x])、dict([x])	把对象 x 转换为列表、集合、元组或字典并返回，或生成空列表、空集合、空元组、空字典
locals()	返回包含当前作用域内局部变量及其值的字典
map(func,*iterables)	返回包含若干函数值的 map 对象，函数 func 的参数分别来自于 iterables 指定的每个迭代对象
max(x)、min(x)	返回可迭代对象 x 中的最大值、最小值。要求 x 中的所有元素之间可比较大小，允许指定排序规则和 x 为空时返回的默认值
next(iterator[,default])	返回可迭代对象 x 中的下一个元素，允许指定迭代结束之后继续迭代时返回的默认值
oct(x)	把整数 x 转换为八进制
open(name[,mode])	以指定模式 mode 打开文件 name 并返回文件对象
ord(x)	返回 1 个字符 x 的 Unicode 编码
pow(x,y,z=None)	返回 x 的 y 次方，等价于 x**y 或(x**y)%z
print(value,...,sep='',end='\n',file=sys.stdout,flush=False)	基本输出函数
quit()	退出当前解释器环境
range([start,]end[,step])	返回 range 对象，其中包含区间[start,end)内以 step 为步长的整数
reduce(func,sequence[,initial])	将双参数的函数 func 以迭代的方式从左到右依次应用至序列 seq 中的每个元素，最终返回单个值作为结果。在 Python2.x 中，该函数为内置函数，在 Python3.x 中，需要从 functools 中导入 reduce 函数再使用
repr(obj)	返回对象 obj 的规范化字符串表示形式，对于大多数对象有 val(repr(obj))==obj
reversed(seq)	返回 seq（可以是列表、元组、字符串、range 及其他可迭代对象）中所有元素逆序后的迭代器对象
round(x [,小数位数])	对 x 进行四舍五入。若不指定小数位数，则返回整数
sorted(iterable,key=None,reverse=False)	返回排序后的列表。其中，iterable 表示要排序的序列或迭代对象；key 用来指定排序规则或依据；reverse 用来指定升序或降序。该函数不改变 iterable 内任何元素的顺序
str(obj)	把对象 obj 直接转换为字符串
sum(x,start=0)	返回序列 x 中所有元素之和。要求序列 x 中所有元素必须为数字。允许指定起始值 start，返回 start+sum(x)
type(obj)	返回对象 obj 的类型
zip(seq1[,seq2 [...]])	返回 zip 对象，其中元素为(seq1[i],seq2[i],...)形式的元组，最终结果中包含的元素个数取决于所有参数序列或可迭代对象中最短的那个

3.3 Python 引用

3.3.1 名字空间

命名空间，也称为名字空间，二者是同一个意思。

命名空间是用来组织和重用代码的。同"名字"一样的意思，NameSpace（名字空间），之所以如此表达，是因为人类可用的单词数太少，并且不同的人写的程序不可能所有的变量都没有重名现象，对于库来说，这个问题尤其严重，如果两个人写的库文件中出现同名的变量或函数（不可避免），使用起来就有问题了。为了解决这个问题，引入了名字空间这个概念，通过使用 namespace xxx；所使用的库函数或变量就是在该名字空间中定义的，这样一来就不会引起不必要的冲突了。

在 Python 中，变量、函数、类等都是通过标识符来定义的。每个标识符都会在相关的名字空间占据一定位置。Python 会把命名后的变量、函数、类等分配到相关的名字空间，并通过名称在相应的名字空间中查找和使用它们。

Python 名字空间有两个作用：区分不同作用域；防止同名变量、函数、类等名字冲突。

若 Python 同一个名字空间中出现同名变量、函数、类时，后出现的会覆盖先前的。查看名字空间的函数是 dir()。

【例 3.4】 查看名字空间示例。

```
print(dir())        # 定义变量前查看名字空间
x = 100
print(dir())        # 定义变量后查看名字空间
```

从以上运行结果可以看出，定义变量之后，名字空间中出现了变量名。

同样地，有定义就有释放，释放变量、函数、类等的名字空间，可以使用 del 函数。

【例 3.5】 del 函数示例。

```
x = 100
print(dir())
del x
print(dir())
```

可以看到运行了 "del x" 命令之后，x 所占据的名字空间已经释放了。

Python 有 3 个级别的名字空间，如图 3.32 所示。

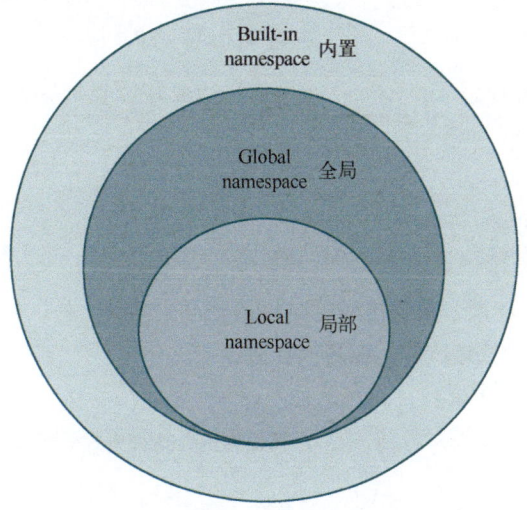

图 3.32　3 个级别名字空间之间的关系

- 内置（Built-in namespace）：Python 内置的名称，包括函数名（如 abs、char）和异常名称（如 BaseException、Exception）。
- 全局（Global namespace）：模块中定义的名称，记录了模块的变量，包括函数、类、其他导入的模块、模块级的变量和常量。
- 局部（Local namespace）：函数中定义的名称，记录了函数的变量，包括函数的参数和局部定义的变量（类中定义的也是）。

【例 3.6】查看变量的使用情况示例。

```
print(globals())            # 查看全局变量
print(locals())             # 查看局部变量
print(vars())               # 查看局部变量
```

程序运行结果显示全局变量和局部变量，详见附件代码说明文档。

在 Python 程序运行过程中，局部名字空间、全局名字空间和内置名字空间会同时存在。Python 对变量、函数、类的使用是按照局部名字空间->全局名字空间->内置名字空间的顺序查找的。如果找到了就使用，如果找不到，将放弃查找并抛出一个 NameError 异常。

3.3.2 模块的导入与使用

Python 仅默认安装部分基本或核心模块，用户也可以自行安装扩展模块。可以使用 sys.modules.items()显示所有预加载模块的相关信息。

导入模块的语法格式如下。

```
import 模块名
```

【例 3.7】导入模块示例。

```
import math
print(math.sin(0.5))        # 求0.5的正弦
import random
x=random.random( )          # 获得[0,1)内的随机小数
y=random.random( )
n=random.randint(1, 100)    # 获得[1,100]内的随机整数
print(x, y, n)
```

程序运行结果：

```
0.479425538604203
0.42231515809099673 0.7244363446084587 76
```

直接使用 import 导入模块，需要使用模块名.函数名。除此之外，使用：from 模块名 import 对象名[as 别名]#可以减少查询次数，提高执行速度。

也可以以下列方式导入模块。

```
from math import *           # 谨慎使用，这种方式效率低，用通配符导致效率低下
```

【例 3.8】另一种导入模块方式示例。

```
from math import sin
```

```
print(sin(3))
from math import sin as f  # 别名
print(f(3))
```

程序运行结果:

```
0.1411200080598672
0.1411200080598672
```

在 Python 当前目录中查找需要导入的模块文件,如果没有找到则从 sys 模块的 path 变量所指定的目录中查找。

可以使用 sys 模块的 path 变量查看 Python 导入模块时搜索模块的路径,也可以向其中 append 自定义的目录以扩展搜索路径。

在导入模块时,会优先导入相应的 pyc 文件,如果相应的 pyc 文件与 py 文件时间不相符,则导入 py 文件并重新编译该模块。

导入模块时的文件搜索顺序:当前文件夹->sys.path 变量指定的文件夹->优先导入 pyc 文件。

如果需要导入多个模块,一般建议按如下顺序进行导入:标准库->成熟的第三方扩展库->自己开发的库。

3.4 Python 的基本数据类型

Python 中内置有 6 大类标准的基本数据类型,具体如下。
- 数字类型:int、float、complex、bool。
- 序列类型:list、range、tuple。
- 文本序列类型:str。
- 二进制序列类型:bytes、bytearray、memoryview。
- 集合类型:set、frozenset。
- 映射类型:dict。

其中,有些数据类型的实例是可变的,有些是不可变的,分类如下。
- 可变对象:list、set、dict、bytearray。
- 不可变对象:int、float、complex、bool、range、tuple、str、bytes、memoryview、frozenset。

对象是 Python 语言中最基本的概念,在 Python 中处理的一切都称为对象。Python 中有许多内置对象可供编程者使用,内置对象可直接使用,如数字、字符串、列表、del 等;非内置对象需要导入模块才能使用,如正弦函数 sin,随机数产生函数 random 等。Python 常用内置对象如表 3.2 所示。

表 3.2 Python 常用内置对象表

对象类型	类型名称	示例	简要说明
数字	int, float, complex	1234、3.14、1.3e5、3+4j	数字大小没有限制,内置支持复数及其运算
字符串	str	'swfu'、"I'm student"、"""Python"""、r'abc'、R'bcd'	使用单引号、双引号、三引号作为定界符,以字母 r 或 R 引导的表示原始字符串

（续）

对象类型	类型名称	示例	简要说明
字节串	bytes	b'hello world'	以字母 b 引导，可以使用单引号、双引号、三引号作为定界符
列表	list	[1, 2, 3]，['a', 'b', ['c', 2]]	所有元素放在一对方括号中，元素之间使用逗号分隔，其中的元素可以是任意类型
字典	dict	{1:'food' ,2:'taste', 3: 'import'}	所有元素放在一对大括号中，元素之间使用逗号分隔，元素形式为 "键:值"
元组	tuple	(2, -5, 6), (3,)	所有元素放在一对圆括号中，元素之间使用逗号分隔，如果元组中只有一个元素的话，后面的逗号不能省略
集合	set frozenset	{'a', 'b', 'c'}	所有元素放在一对大括号中，元素之间使用逗号分隔，元素不允许重复；另外，set 是可变的，而 frozenset 是不可变的
布尔型	bool	True, False	逻辑值，关系运算符、成员测试运算符、同一性测试运算符组成的表达式的值一般为 True 或 False
空类型	NoneType	None	空值
异常	Exception、ValueError、TypeError		Python 内置大量异常类，分别对应不同类型的异常
文件		f = open('data.dat', 'rb')	open 是 Python 内置函数，使用指定的模式打开文件，返回文件对象
其他迭代对象		生成器对象、range 对象、zip 对象、enumerate 对象、map 对象、filter 对象等	具有惰性求值的特点
编程单元		函数（使用 def 定义）、类（使用 class 定义）、模块（类型为 module）	类和函数都属于可调用对象，模块用来集中存放函数、类、常量或其他对象

Python 属于强类型编程语言，Python 解释器会根据赋值或运算来自动推断变量类型。Python 还是一种动态类型语言，变量的类型也是可以随时变化的。

【例 3.9】 变量使用的示例。

```
x = 3
print(type(x))
x = 'Hello world.'
print(type(x))                          # 查看变量类型
x = [1,2,3]
print(type(x))
print(isinstance(3, int))               # 测试对象是否是某个类型的实例
print(isinstance('Hello world', str))
```

程序运行结果如下。

```
<class 'int'>
<class 'str'>
<class 'list'>
True
True
```

如果变量出现在赋值运算符或复合赋值运算符（例如，+=、*=等）的左边则表示创建变量或修改变量的值，否则表示引用该变量的值，这一点同样适用于使用下标来访问列表、字典等可变序列以及其他自定义对象中元素的情况。

【例3.10】 赋值运算示例。

```
x = 3           # 创建整型变量
print(x**2)
x += 6          # 修改变量值
print(x)        # 读取变量值并输出显示
x = [1,2,3]     # 创建列表对象
x[1] = 5        # 修改列表元素值
print(x)        # 输出显示整个列表
print(x[2])     # 输出显示列表指定元素
```

程序运行结果如下。

```
9
9
[1, 5, 3]
3
```

字符串和元组属于不可变序列，不能通过下标的方式来修改其中的元素值，如果修改元组中元素的值会抛出异常。

Python 对数值计算的支持比较强，Python 可以做许多其他语言不能做的运算，案例如下。

【例3.11】 大数值计算示例。

```
print(9999 ** 99)
i = 1
for j in range(1, 10000):
i = i * j
print(i)        # 一万的阶乘结果需要在 Word 文档中大概十页。
```

这个案例运行结果是两个天文数字，详见附件中的代码说明。

计算机使用的是二进制，因此浮点数有精度损失，这是由于二进制小数的限制造成的，这点请注意，如以下案例所示。

【例3.12】 精度损失示例。

```
print(0.4 - 0.1)
```

程序运行结果如下。

```
0.30000000000000004
```

在 Python 中，允许多个变量指向同一个值，然而，当修改其中一个变量值时，其内存地址将会变化，但这并不影响另一个变量。Python 采用的是基于值的内存管理方式，如果为不同变量赋值为相同值，这个值在内存中只有一份，多个变量指向同一块内存地址。

【例3.13】 Python 中常量的引用示例。

```
x = 3
print(id(x))
y = x
print(id(y))
x += 6
print(id(x))
print(y)
```

```
    print(id(y))
```

程序运行结果如下。

```
140736583531648
140736583531648
140736583531840
3
140736583531648
```

Python 具有自动内存管理功能，对于没有任何变量指向的值，Python 自动将其删除。Python 会跟踪所有的值，并自动删除不再有变量指向的值。因此，Python 程序员在一般情况下不需要太多考虑内存管理的问题。尽管如此，显式使用 del 命令删除不需要的值或显式关闭不再需要访问的资源仍是一个好的习惯。

Python 中的整数类型如下。

十进制整数：如 0、-1、9、123；

十六进制整数，需要 16 个数字 0、1、2、3、4、5、6、7、8、9、a、b、c、d、e、f 来表示整数，必须以 0x 开头，如 0x10、0xfa、0xabcdef；

八进制整数，只需要 8 个数字 0、1、2、3、4、5、6、7 来表示整数，必须以 0o 开头，如 0o35、0o11；

二进制整数，只需要 2 个数字 0、1 来表示整数，必须以 0b 开头，如 0b101、0b100。

Python 内置支持复数类型。

【例 3.14】 复数计算示例。

```
a = 3+4j
b = 5+6j
c = a+b
print(c)
print(c.real)           # 查看复数实部
print(c.imag)           # 查看复数虚部
print(a.conjugate())    # 返回共轭复数
print(a*b)              # 复数乘法
print(a/b)              # 复数除法
```

程序运行结果如下。

```
(8+10j)
8.0
10.0
(3-4j)
(-9+38j)
(0.6393442622950819+0.03278688524590165j)
```

用单引号、双引号或三引号括起来的符号系列称为字符串，单引号、双引号、三单引号、三双引号可以互相嵌套，用来表示复杂字符串，例如，'abc'、'123'、'中国'、"Python"、"'Tom said, "Let's go"'"。字符串属于不可变序列，空串表示为''或""。三引号'''或"""表示的字符串可以换行，支持排版较为复杂的字符串；三引号还可以在程序中表示较长的注释。

字符串界定符前面加字母 r 表示原始字符串，其中的特殊字符不进行转义，但字符串的最后一个字符不能是\。原始字符串主要用于正则表达式、文件路径或者 URL 的场合。

3.5 Python 的运算符与表达式

计算机的第一个作用是数值计算，编写程序中最主要的工作就是进行数据的运算与处理，因此，运算符和表达式就是程序设计中的一项主要内容。Python 运算符如表 3.3 所示。

表 3.3 Python 运算符

运算符	功能说明
+	算术加法，列表、元组、字符串合并与连接，正号
-	算术减法，集合差集，相反数
*	算术乘法，序列重复
/	真除法
//	求整商，但如果操作数中有实数的话，结果为实数形式的整数
%	求余数，字符串格式化
**	幂运算
<、<=、>、>=、==、!=	（值）大小比较，集合的包含关系比较
or	逻辑或
and	逻辑与
not	逻辑非
in	成员测试
is	对象同一性测试，即测试是否为同一个对象或内存地址是否相同
|、^、&、<<、>>、~	位或、位异或、位与、左移位、右移位、位求反
&、|、^	集合交集、并集、对称差集
@	矩阵相乘运算符

+运算符除了用于算术加法以外，还可以用于列表、元组、字符串的连接，但不支持不同类型的对象之间相加或连接。

运算符不仅可以用于算术乘法，还可以用于列表、字符串、元组等类型，当列表、字符串或元组等类型变量与整数进行""运算时，表示对内容进行重复并返回重复后的新对象。

Python 中的除法有两种，"/"和"//"分别表示除法和整除运算。

%运算符除去可以用于字符串格式化之外，还可以对整数和浮点数计算余数。但是由于浮点数的精确度影响，计算结果可能略有误差。

关系运算符可以连用。多数程序设计语言不能使用"双边不等式"，但是数学中的双边不等式应该是从左到右，从小到大书写，而 Python 中关系运算符连用可以随意使用，运算结果根据是否正确返回 True 或者 False。

【例 3.15】 关系运算符连用示例。

```
print(1<5>3)
print(1<3 and 3<5)
print(1<3<5)
```

程序运行结果如下。

```
True
True
True
```

成员测试运算符 in 用于成员测试，即测试一个对象是否为另一个对象的元素。

同一性测试运算符（identity comparison）is 用来测试两个对象是否是同一个，如果是则返回 True，否则返回 False。如果两个对象是同一个，二者具有相同的内存地址。

位运算符只能用于整数，其内部执行过程为：首先将整数转换为二进制数，然后右对齐，必要的时候左侧补 0，按位进行运算，最后再把计算结果转换为十进制数字返回。

集合的交集、并集、对称差集等运算借助位运算符来实现，而差集则使用减号运算符实现（并集运算符不是加号）。

逻辑运算符 and 和 or 具有惰性求值特点。

Python 增加了一个新的矩阵相乘运算符@。

【例 3.16】 矩阵相乘运算符@示例。

```python
import numpy              # numpy 是用于科学计算的 Python 扩展库
x = numpy.ones(3)         # ones()函数用于生成全 1 矩阵
m = numpy.eye(3)*3        # eye()函数用于生成单位矩阵
m[0, 2] = 5               # 设置矩阵指定位置上元素的值
m[2, 0] = 3
print(x @ m)              # 矩阵相乘
```

程序运行结果如下。

```
[6. 3. 8.]
```

逗号并不是运算符，只是一个普通分隔符。

在 Python 中，单个任何类型的对象或常数属于合法表达式，使用运算符连接的变量和常量以及函数调用的任意组合也属于合法的表达式。

3.6　Python 的代码编写规范

一般编写代码时都需要制定代码编写规范，代码编写规范才能使编写代码具有可读性、可理解性、可维护性，统一程序编写人员代码风格，使得程序代码能够以名称反映含义、以形式反映结构。以下只是作为初学者应该遵守的基本规范，如果真正编写实际工程项目，项目经理制定的代码编写规范比以下内容要复杂而且细致，这里仅供读者参考。

- 类定义、函数定义、选择结构、循环结构，行尾的冒号表示缩进的开始。Python 程序是依靠代码块的缩进来体现代码之间的逻辑关系的，缩进结束就表示一个代码块结束了。同一个级别的代码块的缩进量必须相同。Python 每段代码块缩进的空白数量可以任意，但必须要确保同段代码块语句包含相同的缩进空白数量。一般而言，以 4 个空格为基本缩进单位，即一个 Tab 按键。
- 每个 import 只导入一个模块。

- 如果一行语句太长，可以在行尾加上\来换行分成多行，但是更建议使用括号来包含多行内容。
- 必要的空格与空行。
- 运算符两侧、函数参数之间、逗号两侧建议使用空格分开。
- 不同功能的代码块之间、不同的函数定义之间建议增加一个空行以增加可读性。
- 适当使用异常处理结构进行容错，后面将详细讲解。
- 软件应具有较强的可测试性，测试与开发齐头并进。
- 一个好的、可读性强的程序一般包含30%以上的注释。

本章练习

一、选择题

1. 以下哪个不是 python 关键字（　　）。
   A．cout　　　　B．from　　　　C．not　　　　D．or
2. Python 中变量的命名遵循的规则，不正确的是（　　）。
   A．以字母或下画线开头，后面可以是字母、数字或下画线
   B．区分大小写
   C．以数字开头，后面可以是字母、数字或下画线
   D．不能使用保留字
3. 下列可以导入 Python 模块的语句是（　　）。
   A．import module　　　　　　B．input module
   C．print module　　　　　　　D．def module

二、程序填空题

阅读程序，分析有关多项式的代码并回答问题。
求 1！+2！+3！+…+20！的和。

```
n=0
s=0
t=1
for n in range (1,21):
    t*=n
    s+=t
print(s,end=" ")
```

（1）n 的作用是（　　）。
（2）s 的作用是（　　）。
（3）t 的初值必须赋值为1，这是因为（　　）。
（4）t*=n 的等价语句是（　　）。
（5）s+=t 的等价语句是（　　）。

第4章 Python 程序设计进阶

本章主要分两部分，第一部分介绍 Python 面向过程程序设计，第二部分介绍 Python 面向对象程序设计。面向过程程序设计这部分内容，主要介绍 Python 常用的各种数据结构、程序流程控制以及函数与文件；面向对象程序设计这部分内容，主要介绍类与对象、封装、继承、多态，以及这些概念在 Python 中的实现。

4.1 Python 数据结构、程序流程控制、函数与文件

4.1.1 Python 数据结构

1. range 对象

range 对象表示不可变的数字序列，可用于在 for 循环中指定循环的次数，示例如下。

```
class range(object):
"""
    range(stop) -> range object
range(start, stop[, step]) -> range object

    Return an object that produces a sequence of integers from start (inclusive)
    to stop (exclusive) by step. range(i,j) produces i, i+1, i+2, ..., j-1.
    start defaults to 0, and stop is omitted!  range(4) produces 0, 1, 2, 3.
    These are exactly the valid indices for a list of 4 elements.
    When step is given, it specifies the increment (or decrement).
"""
```

注意，要显示 range 对象内的元素，需要将其转换为 list、tuple 或 set 等。

2. 列表

列表是 Python 中内置有序可变序列，列表的所有元素放在一对中括号"[]"中，并使用逗号分隔开；当列表元素增加或减少时，列表对象自动进行扩展或收缩内存，保证元素之间没有缝隙；在 Python 中，一个列表中的数据类型可以各不相同，也可以同时分别为整数、实数、字符串等基本类型，甚至是列表、元组、字典、集合以及其他自定义类型的对象。列表示例如下所示。[10, 20, 30, 40]、['crunchy frog', 'ram bladder', 'lark vomit']、['spam', 2.0, 5, [10, 20]]、[['file1', 200,7], ['file2', 260,9]]。

列表常用方法如表 4.1 所示。

表 4.1 列表常用方法

方法	说明
lst.append(x)	将元素 x 添加至列表 lst 尾部
lst.extend(L)	将列表 L 中所有元素添加至列表 lst 尾部

（续）

方法	说明
lst.insert(index, x)	在列表 lst 指定位置 index 处添加元素 x，该位置后面的所有元素后移一个位置
lst.remove(x)	在列表 lst 中删除首次出现的指定元素，该元素之后的所有元素前移一个位置
lst.pop([index])	删除并返回列表 lst 中下标为 index（默认为-1）的元素
lst.clear()	删除列表 lst 中所有元素，但保留列表对象
lst.index(x)	返回列表 lst 中第一个值为 x 的元素的下标，若不存在值为 x 的元素则抛出异常
lst.count(x)	返回指定元素 x 在列表 lst 中的出现次数
lst.reverse()	对列表 lst 所有元素进行逆序
lst.sort(key=None, reverse=False)	对列表 lst 中的元素进行排序，key 用来指定排序依据，reverse 决定升序（False）还是降序（True）
lst.copy()	返回列表 lst 的浅复制

使用 "=" 直接将一个列表赋值给变量即可创建列表对象，如：a_list = ['a', 'b', 'mpilgrim', 'z', 'example']；也可以使用 list()函数将元组、range 对象、字符串或其他类型的可迭代对象类型的数据转换为列表，如：a_list = list((3,5,7,9,11))。

使用 del 命令可以删除整个列表，如果列表对象所指向的值不再有其他对象指向，Python 将同时删除该值，如：del a_list。

可以使用 "+" 运算符将元素添加到列表中，如：aList = [3,4,5]；aList = aList + [7]。严格意义上来讲，这并不是真的为列表添加元素，而是创建一个新列表，并将原列表中的元素和新元素依次复制到新列表的内存空间。由于涉及大量元素的复制，该操作速度较慢，在涉及大量元素添加时不建议使用该方法。

使用列表对象的 append()方法，原地修改列表，是真正意义上的在列表尾部添加元素，速度较快。所谓 "原地"，是指不改变列表在内存中的首地址。

Python 采用的是基于值的自动内存管理方式，当为对象修改值时，并不是真的直接修改变量的值，而是使变量指向新的值，这对于 Python 所有类型的变量都是一样的。列表中包含的是元素值的引用，而不是直接包含元素值。如果直接修改序列变量的值，则与 Python 普通变量的情况是一样的，如果通过下标来修改序列中元素的值或通过可变序列对象自身提供的方法来增加和删除元素，则序列对象在内存中的起始地址是不变的，仅仅是被改变值的元素地址发生变化，也就是所谓的 "原地操作"。

使用列表对象的 extend()方法可以将另一个迭代对象的所有元素添加至该列表对象尾部。通过 extend()方法来增加列表元素也不改变其内存首地址，属于原地操作。使用列表对象的 insert()方法将元素添加至列表的指定位置，应尽量从列表尾部进行元素的增加与删除操作。列表的 insert()方法可以在列表的任意位置插入元素，但由于列表的自动内存管理功能，insert()方法会涉及插入位置之后所有元素的移动，这会影响处理速度。类似的还有后面介绍的 remove()方法以及使用 pop()函数弹出列表非尾部元素和使用 del 命令删除列表非尾部元素的情况。

当使用*运算符将包含列表的列表重复并创建新列表时，不是创建元素的复制，而是创建已有对象的引用。因此，当修改其中一个值时，相应的引用也会被修改。

使用 del 命令可删除列表中的指定位置上的元素。使用列表的 pop()方法可删除并返回指定

（默认为最后一个）位置上的元素，如果给定的索引超出了列表的范围则会抛出异常。使用列表对象的 remove()方法可删除首次出现的指定元素，如果列表中不存在要删除的元素，则抛出异常。

切片是 Python 序列的重要操作之一，适用于列表、元组、字符串、range 对象等类型。切片使用 2 个冒号分隔的 3 个数字来完成，第一个数字表示切片开始位置（默认为 0），第二个数字表示切片截止（但不包含）位置（默认为列表长度），第三个数字表示切片的步长（默认为 1），当步长省略时可以省略最后一个冒号。可以使用切片来截取列表中的任何部分，或者通过切片来修改和删除列表中部分元素，以及通过切片操作为列表对象增加元素，以上操作均可以形成一个新的列表。切片操作不会因为下标越界而抛出异常，而是简单地在列表尾部截断或者返回一个空列表，代码具有更强的健壮性。

切片返回的是列表元素的浅复制。所谓浅复制，是指生成一个新的列表，并且把原列表中所有元素的引用都复制到新列表中。如果原列表中只包含整数、实数、复数等基本类型或元组、字符串这样的不可变类型的数据，一般是没有问题的。如果原列表中包含列表之类的可变数据类型，由于浅复制时只是把子列表的引用复制到新列表中，这种情况下修改任何一个都会影响另外一个。

使用列表对象的 sort()方法可对列表进行原地排序，并支持多种不同的排序方法。使用内置函数 sorted 可对列表进行排序并返回新列表。使用列表对象的 reverse()方法可将元素原地逆序。使用内置函数 reversed()方法对列表元素进行逆序排列并返回迭代对象。

zip 函数可返回可迭代的 zip 对象。

enumerate（列表）用于枚举列表元素，返回枚举对象，其中每个元素为包含下标和值的元组。该函数对元组、字符串同样有效。

列表推导式以非常简洁的方式快速生成满足特定需求的列表，代码具有非常强的可读性。列表推导式中可以使用函数或复杂表达式。

如：aList = [x*x for x in range(10)]

相当于：

```
aList = []
for x in range(10):
    aList.append(x*x)
```

【例 4.1】 使用列表推导式生成 100 以内的所有素数示例。

```
aList = [p for p in range(2, 100) if 0 not in [p%d for d in range(2, int(p**0.5)+1)]]
print(aList)
```

程序运行结果如下。

[2, 3, 5, 7, 11, 13, 17, 19, 23, 29, 31, 37, 41, 43, 47, 53, 59, 61, 67, 71, 73, 79, 83, 89, 97]

3. 元组

元组和列表类似，但属于不可变序列，元组一旦创建，用任何方法都不可以修改其元素。元组的定义方式和列表相同，但定义时所有元素放在一对圆括号"()"中，而不是方括号中。

元组数据类型特点如下。
- 有序。tuple 中的元素是有序的，其顺序是按照数据插入顺序。
- 不可变。tuple 中的元素不可变。
- 异构。tuple 中的元素是对象，数据类型可以不同。
- 可重复。tuple 中可以有重复的对象元素。
- 可嵌套。tuple 支持嵌套。

tuple 可以用如下两种方式创建。
- 使用"="将一个元组赋值给变量，特别地，当只有一个元素时，后面的逗号不可省略：a = (3,)。
- 使用 tuple 函数将其他序列转换为元组，使用 del 可以删除元组对象，但不能删除元组中的元素。

元组中的数据一旦定义就不允许更改。元组没有 append()、extend()和 insert()等方法向元组中添加元素。元组没有 remove()或 pop()方法对元组元素进行 del 操作，不能从元组中删除元素。从效果上看，tuple()冻结列表，而 list()融化元组。元组的速度比列表更快。如果定义了一系列常量值，那么所需做的仅是对它进行遍历，所以一般使用元组而不用列表。元组对不需要改变的数据进行"写保护"使得代码更加安全。元组可用作字典键（特别是包含字符串、数值和其他元组这样的不可变数据的元组）。列表永远不能当作字典键使用，因为列表是可变的。

元组是不可变序列，元素不可变，但是这里的不可变指的是对象的不可变，先看如下案例。

【例 4.2】 理解元组的不可变示例 1。

```
demo = ([1,2],3,4,5)
print(len(demo))
demo[0].append(99)
print(demo)
```

程序运行结果如下。

```
4
([1, 2, 99], 3, 4, 5)
```

乍一看，这里元组的第一个元素变了，但是仍然是不可变元素，如何理解，请看下一个案例。

【例 4.3】 理解元组的不可变示例 2。

```
demo = ([1,2],3,4,5)
print(len(demo))
print(id(demo[0]))
demo[0].append(99)
print(id(demo[0]))
print(demo)
```

程序运行结果如下。

```
4
1963384525320
```

```
1963384525320
([1, 2, 99], 3, 4, 5)
```

根据运行结果可以看出，元素不可变是指对象的 id 不变，或者说存储地址不变。由此可以理解元组的元素可以是序列类型。

4．字典

字典是无序可变序列。定义字典时，每个元素的键和值用冒号分隔，元素之间用逗号分隔，所有的元素放在一对大括号 "{ }" 中。字典中的键可以为任意不可变数据，比如整数、实数、复数、字符串、元组等等。globals()返回包含当前作用域内所有全局变量和值的字典；locals()返回包含当前作用域内所有局部变量和值的字典。

使用=将一个字典赋值给一个变量，如：a_dict = {'server': 'db.diveintopython3.org', 'database': 'mysql'}。也可以使用 dict 利用已有数据创建字典，如下例。

【例 4.4】 创建字典示例。

```
keys = ['a', 'b', 'c', 'd']
values = [1, 2, 3, 4]
dictionary = dict(zip(keys, values))
print(dictionary)
```

程序运行结果如下。

```
{'a': 1, 'b': 2, 'c': 3, 'd': 4}
```

除此之外，还可以使用 dict 根据给定的键、值创建字典，如下例。

【例 4.5】 用 dict 根据给定的键、值创建字典示例。

```
d = dict(name='Dong', age=37)
print(d)
```

程序运行结果如下。

```
{'name': 'Dong', 'age': 37}
```

可以使用 del 删除整个字典。以键作为下标可以读取字典元素，若键不存在则抛出异常。使用字典对象的 get()方法获取指定键对应的值，并且可以在键不存在的时候返回指定值。使用字典对象的 items()方法可以返回字典的键、值对列表；使用字典对象的 keys()方法可以返回字典的键列表；使用字典对象的 values()方法可以返回字典的值列表。当以指定键为下标为字典赋值时，若键存在，则可以修改该键的值；若不存在，则表示添加一个键、值对。使用字典对象的 update()方法将另一个字典的键、值对添加到当前字典对象。

使用 del 删除字典中指定键的元素；使用字典对象的 clear()方法来删除字典中所有元素；使用字典对象的 pop()方法删除并返回指定键的元素；使用字典对象的 popitem()方法删除并返回字典中的一个元素。

5．集合

集合是无序可变序列，用一对大括号界定，元素不可重复，同一个集合中每个元素都是唯一的。集合中只能包含数字、字符串、元组等不可变类型（或者说可哈希）的数据，不能包含列表、字典、集合等可变类型的数据。

可以直接将集合赋值给变量，如下所示。

```
a = {3, 5}
a.add(7)
```

也可以使用 set 将其他类型数据转换为集合：a_set = set(range(8,14))。使用 del 删除整个集合。

当不再使用某个集合时，可以使用 del 命令删除整个集合。集合对象的 pop()方法弹出并删除其中一个元素，remove()方法直接删除指定元素，clear()方法清空集合。

Python 集合支持交集、并集、差集等运算，集合的并交差等运算如以下示例。

【例 4.6】 集合的并交差等运算示例。

```
a_set = set([8, 9, 10, 11, 12, 13])
b_set = {0, 1, 2, 3, 7, 8}
print(a_set | b_set)                        # 并集
print(a_set.union(b_set))                   # 并集
print(a_set&b_set)                          # 交集
print(a_set.intersection(b_set))            # 交集
print(a_set.difference(b_set))              # 差集
print(a_set - b_set)                        # 差集
print(a_set.symmetric_difference(b_set))    # 对称差集
print(a_set ^ b_set)                        # 对称差集
x = {1, 2, 3}
y = {1, 2, 5}
z = {1, 2, 3, 4}
print(x.issubset(y))                        # 测试是否为子集
print(x.issubset(z))
print({3} & {4})
print({3}.isdisjoint({4}))                  # 如果两个集合的交集为空，返回 True
```

程序运行结果如下。

```
{0, 1, 2, 3, 7, 8, 9, 10, 11, 12, 13}
{0, 1, 2, 3, 7, 8, 9, 10, 11, 12, 13}
{8}
{8}
{9, 10, 11, 12, 13}
{9, 10, 11, 12, 13}
{0, 1, 2, 3, 7, 9, 10, 11, 12, 13}
{0, 1, 2, 3, 7, 9, 10, 11, 12, 13}
False
True
set()
True
```

6．复杂数据结构

在解决实际问题时，需要经常用到其他复杂的数据结构，如堆、队列、栈、树、图等等。有些数据结构 Python 已经提供，有些则需要自己利用基本数据结构来实现。

【例 4.7】 堆的示例。

```
import heapq                                # heapq 和 random 是 Python 标准库
```

```
import random
data=range(10)
print(data)
print(random.choice(data))              # 随机选择一个元素
random.shuffle(list(data))              # 随机打乱顺序
print(data)
heap=[]
for n in data:                          # 建堆
    heapq.heappush(heap,n)
print(heap)
heapq.heappush(heap,0.5)                # 入堆，自动重建
print(heap)
print(heapq.heappop(heap))              # 出堆，自动重建
myheap=[1,2,3,5,7,8,9,4,10,333]
heapq.heapify(myheap)                   # 建堆
print(myheap)
print(heapq.heapreplace(myheap,6))      # 弹出最小元素，同时插入新元素
print(myheap)
print(heapq.nlargest(3, myheap))        # 返回前 3 个最大的元素
print(heapq.nsmallest(3, myheap))       # 返回前 3 个最小的元素
```

程序运行结果如下。

```
range(0, 10)
2
range(0, 10)
[0, 1, 2, 3, 4, 5, 6, 7, 8, 9]
[0, 0.5, 2, 3, 1, 5, 6, 7, 8, 9, 4]
0
[1, 2, 3, 4, 7, 8, 9, 5, 10, 333]
1
[2, 4, 3, 5, 7, 8, 9, 6, 10, 333]
[333, 10, 9]
[2, 3, 4]
```

【例 4.8】 队列示例。

```
import queue                            # queue 是 Python 标准库
q=queue.Queue()
q.put(0)                                # 入队
q.put(1)
q.put(2)
print(q.queue)
print(q.get())                          # 出队
print(q.queue)                          # 查看队列中的元素
print(q.get())
print(q.queue)
```

程序运行结果如下。

```
deque([0, 1, 2])
0
deque([1, 2])
1
deque([2])
```

【例 4.9】 栈的定义示例（与例 3.10 配合使用）。

```
class Stack:
    def __init__(self, size=10):
        self._content = []              # 使用列表存放栈的元素
        self._size = size               # 初始栈大小
        self._current = 0               # 栈中元素个数初始化为 0
    def empty(self):
        self._content = []
        self._current = 0
    def isEmpty(self):
        if not self._content:
            return True
        else:
            return False
    def setSize(self, size):
                                        # 如果缩小栈空间，则删除指定大小之后的已有元素
        if size <self._current:
            for i in range(size, self._current)[::-1]:
                del self._content[i]
            self._current = size
        self._size = size
    def isFull(self):
        if self._current == self._size:
            return True
        else:
            return False
    def push(self, v):
        if len(self._content) <self._size:
            self._content.append(v)
            self._current = self._current + 1  # 栈中元素个数加 1
        else:
            print('Stack Full!')
    def pop(self):
        if self._content:
            self._current = self._current - 1  # 栈中元素个数减 1
            return self._content.pop()
        else:
            print('Stack is empty!')
    def show(self):
        print(self._content)
    def showRemainderSpace(self):
        print('Stack can still PUSH ', self._size-self._current, ' elements.')
```

【例 4.10】 使用栈示例。

```
import Stack
x = Stack.Stack()
x.push(1)
x.push(2)
x.show()
print(x.pop())
x.show()
x.showRemainderSpace()
```

```
print(x.isEmpty())
print(x.isFull())
```

程序运行结果如下。

```
[1, 2]
2
[1]
Stack can still PUSH 9 elements.
False
False
```

【例 4.11】 二叉树定义示例(与例 3.11 配合使用)。

```
class BinaryTree:
    def __init__(self, value):
        self.__left = None
        self.__right = None
        self.__data = value
    def insertLeftChild(self, value):          # 创建左子树
        if self.__left:
            print('__left child tree already exists.')
        else:
            self.__left = BinaryTree(value)
            return self.__left
    def insertRightChild(self, value):         # 创建右子树
        if self.__right:
            print('Right child tree already exists.')
        else:
            self.__right = BinaryTree(value)
            return self.__right
    def show(self):
        print(self.__data)
    def preOrder(self):                        # 前序遍历
        print(self.__data)                     # 输出根节点的值
        if self.__left:
            self.__left.preOrder()             # 遍历左子树
        if self.__right:
            self.__right.preOrder()            # 遍历右子树
    def postOrder(self):                       # 后序遍历
        if self.__left:
            self.__left.postOrder()
        if self.__right:
            self.__right.postOrder()
        print(self.__data)
    def inOrder(self):                         # 中序遍历
        if self.__left:
            self.__left.inOrder()
        print(self.__data)
        if self.__right:
            self.__right.inOrder()
if __name__ == '__main__':
    print('Please use me as a module.')
```

【例4.12】 使用二叉树示例。

```
import BinaryTree
root = BinaryTree.BinaryTree('root')
b = root.insertRightChild('B')
a = root.insertLeftChild('A')
c = a.insertLeftChild('C')
d = c.insertRightChild('D')
e = b.insertRightChild('E')
f = e.insertLeftChild('F')
root.inOrder()
root.postOrder()
b.inOrder()
```

程序运行结果如下。

```
C
D
A
root
B
F
E
D
C
A
F
E
B
root
B
F
E
```

【例4.13】 有向图定义与使用示例。

```
def searchPath(graph, start, end):
    results = []
    __generatePath(graph, [start], end, results)
results.sort(key = lambda x:len(x))
    return results

def __generatePath(graph, path, end, results):
    current = path[-1]
    if current == end:
results.append(path)
    else:
        for n in graph[current]:
            if n not in path:
                # path.append(n)
                __generatePath(graph, path + [n], end, results)
def showPath(results):
print('The path from ',results[0][0], ' to ', results[0][-1], ' is:')
    for path in results:
```

```
        print(path)
if __name__ == '__main__':
    graph = {'A':['B', 'C', 'D'],
'B':['E'],
'C':['D', 'F'],
'D':['B', 'E', 'G'],
             'E':['D'],
             'F':['D', 'G'],
             'G':['E']}
    r1 = searchPath(graph, 'A', 'D')
showPath(r1)
    r2 = searchPath(graph, 'A', 'E')
showPath(r2)
```

程序运行结果如下。

```
The path from A to D is:
['A', 'D']
['A', 'C', 'D']
['A', 'B', 'E', 'D']
['A', 'C', 'F', 'D']
['A', 'C', 'F', 'G', 'E', 'D']
The path from A to E is:
['A', 'B', 'E']
['A', 'D', 'E']
['A', 'C', 'D', 'E']
['A', 'D', 'B', 'E']
['A', 'D', 'G', 'E']
['A', 'C', 'D', 'B', 'E']
['A', 'C', 'D', 'G', 'E']
['A', 'C', 'F', 'D', 'E']
['A', 'C', 'F', 'G', 'E']
['A', 'C', 'F', 'D', 'B', 'E']
['A', 'C', 'F', 'D', 'G', 'E']
```

7. 字符串

最早的字符串编码是美国标准信息交换码 ASCII，仅对 10 个数字、26 个大写英文字母、26 个小写英文字母及一些其他符号进行了编码。ASCII 码采用 1 个字节来对字符进行编码，最多只能表示 256 个符号。随着信息技术的发展和信息交换的需要，各国的文字都需要进行编码，不同的应用领域和场合对字符串编码的要求也略有不同，于是又分别设计了多种不同的编码格式，常见的主要有 UTF-8、UTF-16、UTF-32、GB2312、GBK、CP936、base64、CP437 等等。

UTF-8 对全世界所有国家需要用到的字符进行了编码，以 1 个字节表示英语字符（兼容 ASCII），以 3 个字节表示中文，还有些语言的符号使用 2 个字节（例如，俄语和希腊语符号）或 4 个字节。GB2312 是我国制定的中文编码，使用 1 个字节表示英语，2 个字节表示中文；GBK 是 GB2312 的扩充，而 CP936 是微软在 GBK 基础上开发的编码方式。GB2312、GBK 和 CP936 都是使用 2 个字节表示中文。

Python 3.x 完全支持中文字符，默认使用 UTF-8 编码格式，无论是一个数字，还是一个英文字母，以及一个汉字，都按一个字符对待和处理。在 Python 中，字符串属于不可变序列类型，除了支持序列通用方法（包括分片操作）以外，还支持特有的字符串操作方法。

Python 字符串驻留机制：对于短字符串，将其赋值给多个不同的对象时，内存中只有一个副本，多个对象共享该副本。长字符串不遵守驻留机制。常用格式字符如表 4.2 所示。

表 4.2 常用格式字符表

格式字符	说明
%s	字符串 (采用 str() 的显示)
%r	字符串 (采用 repr() 的显示)
%c	单个字符
%b	二进制整数
%d	十进制整数
%i	十进制整数
%o	八进制整数
%x	十六进制整数
%e	指数 (基底写为 e)
%E	指数 (基底写为 E)
%f、%F、%F	浮点数
%g	指数(e)或浮点数 (根据显示长度)
%G	指数(E)或浮点数 (根据显示长度)
%%	字符"%""%"

使用 format() 方法对字符串进行格式化的示例如下。

【例 4.14】 使用 format() 方法对字符串进行格式化示例。

```
print("The number {0:,} in hex is: {0:# x}, the number {1} in oct is {1:# o}".format(5555,55))
print("The number {1:,} in hex is: {1:# x}, the number {0} in oct is {0:# o}".format(5555,55))
print("my name is {name}, my age is {age}, and my QQ is {qq}".format(name = "JingChao",age = 43,qq = "172646928"))
position = (5, 8, 13)
print("X:{0[0]};Y:{0[1]};Z:{0[2]}".format(position))
```

程序运行结果如下。

```
The number 5,555 in hex is: 0x15b3, the number 55 in oct is 0o67
The number 55 in hex is: 0x37, the number 5555 in oct is 0o12663
my name is JingChao, my age is 43, and my QQ is 172646928
X:5;Y:8;Z:13
```

从 Python 3.6.x 开始支持一种新的字符串格式化方法，官方叫作 Formatted String Literals，其含义与字符串对象的 format() 方法类似，但形式更加简洁。

【例 4.15】 新的字符串格式化方法示例。

```
name = 'JingChao'
age = 43
print(f'My name is {name}, and I am {age} years old.')
width = 10
```

```
        precision = 4
        value = 11/3
        print(f'result:{value:{width}.{precision}}')
```

程序运行结果如下。

```
        My name is JingChao, and I am 43 years old.
        result: 3.667
```

字符串还有多种方法可以使用，字符串的 find()和 rfind()方法分别用来查找一个字符串在另一个字符串指定范围（默认是整个字符串）中首次和最后一次出现的位置，如果不存在则返回-1；index()和 rindex()方法用来返回一个字符串在另一个字符串指定范围中首次和最后一次出现的位置，如果不存在则抛出异常；count()方法用来返回一个字符串在另一个字符串中出现的次数；split()和 rsplit()方法分别用来以指定字符为分隔符，从字符串左端和右端开始将其分割成多个字符串，并返回包含分割结果的列表；partition()和 rpartition()方法用来以指定字符串为分隔符将原字符串分割为 3 部分，即分隔符前的字符串、分隔符字符串、分隔符后的字符串，如果指定的分隔符不在原字符串中，则返回原字符串和两个空字符串。

对于 split()和 rsplit()方法，如果不指定分隔符，则字符串中的任何空白符号（包括空格、换行符、制表符等等）都将被认为是分隔符，返回包含最终分割结果的列表。split()和 rsplit()方法还允许指定最大分割次数。调用 split()方法并且不传递任何参数时，则使用任何空白字符作为分隔符，把连续多个空白字符看作一个；明确传递参数指定 split()使用的分隔符时，情况略有不同。partition()和 rpartition()方法以指定字符串为分隔符将原字符串分隔为 3 部分，即分隔符之前的字符串、分隔符字符串和分隔符之后的字符串。连接字符串可以使用函数 join()，不推荐使用+运算符连接字符串，建议优先使用 join()方法，二者效率相差很多。

内置函数 eval 可以把字符串转换成对应的数值，但是，eval 函数具有较高的风险，如果转换不成功，将会报异常。Python 字符串支持与整数的乘法运算，表示序列重复，也就是字符串内容的重复。

除了字符串对象提供的方法以外，很多 Python 内置函数也可以对字符串进行操作，如：len、max、min 等。

切片也适用于字符串，但仅限于读取其中的元素，不支持字符串修改。

4.1.2　Python 程序流程控制

面向过程式的程序符合结构化程序设计规范，其中规定任何流程，都可以分解为顺序结构、选择结构和循环结构。也就是说，这三种结构可以构造出任何复杂的程序结构。

顺序结构按照源程序代码的先后顺序，从上到下依次运行每一条程序语句。顺序结构是程序的最基本结构，顺序结构流程图如图 4.1 所示。

选择结构是 if 条件语句，循环结构在 Python 中是 while 和 for 语句。Python 中没有 switch 或 case 语句。

图 4.1　顺序结构流程图

1. if 条件语句

Python 语言中 if 条件语句是最基本的逻辑判断程序流程控制语句。语句的关键字为 if…elif…else，关键字 elif 是 else if 的缩写。

一般而言，if 语句有三种格式，如下所示。

（1）单分支结构

```
if 表达式:
    语句块 1
```

（2）双分支结构

```
if 表达式:
    语句块 1
else:
    语句块 2
```

（3）多分支结构

```
if 表达式 1:
    语句块 1
elif 表达式 2:
    语句块 2
elif 表达式 3:
    语句块 3
else:
    语句块 4
```

多分支结构的流程图如图 4.2 所示。

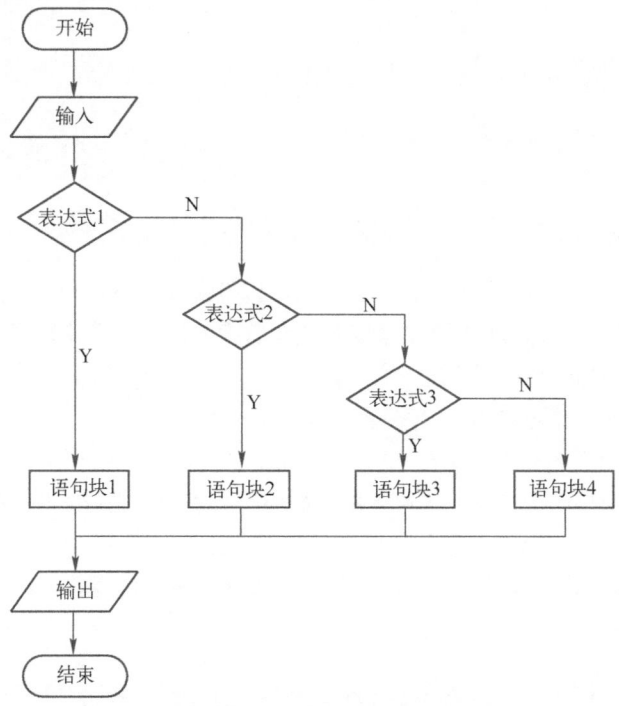

图 4.2 多分支结构的流程图

【例4.16】 使用 if 语句将输入的百分制分数转换成五分制分数示例。

```python
score = eval(input("请输入所得百分制分数："))
if score > 100:
    print('wrong score.must<= 100.')
elif score >= 90:
    print('A')
elif score >= 80:
    print('B')
elif score >= 70:
    print('C')
elif score >= 60:
    print('D')
elif score >= 0:
    print('E')
else:
    print('wrong score.must>=0')
```

程序运行结果如下。

```
请输入所得百分制分数: 102
wrong score.must<= 100.
请输入所得百分制分数: 98
A
请输入所得百分制分数: 85
B
请输入所得百分制分数: 78
C
请输入所得百分制分数: 63
D
请输入所得百分制分数: 44
E
请输入所得百分制分数: -3
wrong score.must>=0
```

选择结构可以嵌套，只要是语句块的部分，就可以包含 if 条件语句，但缩进必须要正确并且一致。不过，选择结构嵌套都可以用多分支条件语句替换，因此，建议编写条件结构的程序时，先使用流程图设计好结构，然后再实现。

2. while 循环与 for 循环语句

Python 提供了两种基本的循环结构语句——while 循环语句和 for 循环语句。while 循环一般用于循环次数难以提前确定的情况，也可以用于循环次数确定的情况。for 循环一般用于循环次数可以提前确定的情况，尤其是用于枚举序列或迭代对象中的元素。一般优先考虑使用 for 循环。相同或不同的循环结构之间都可以相互嵌套，实现更为复杂的逻辑。

二者的语句结构如下。

```
while 条件表达式:
    循环体
```

第 4 章 Python 程序设计进阶

```
[else:
    else 子句代码块]
for 取值 in 序列或迭代对象:
    循环体
[else:
    else 子句代码块]
```

为了优化程序以获得更高的效率和运行速度，在编写循环语句时，应尽量减少循环内部不必要的计算，将与循环变量无关的代码尽可能地提取到循环之外。对于使用多重循环嵌套的情况，应尽量减少内层循环中不必要的计算，尽可能地向外提。

另外，在循环中应尽量引用局部变量，因为局部变量的查询和访问速度比全局变量略快，在使用模块中的方法时，可以将其转换为局部变量来提高运行速度。

【例 4.17】 两种循环编写九九乘法表示例。

```
for i in range(1, 10):
    for j in range(1, i+1):
        print("{}*{}={}".format(i,j,i*j), end="")
print()
print()
i = 1
while i< 10:
    j = 1
    while j <= i:
        print("{}*{}={}".format(i,j,i*j), end="")
        j += 1
    print()
    i += 1
```

程序运行结果如下。

```
1*1=1
2*1=2 2*2=4
3*1=3 3*2=6 3*3=9
4*1=4 4*2=8 4*3=12 4*4=16
5*1=5 5*2=10 5*3=15 5*4=20 5*5=25
6*1=6 6*2=12 6*3=18 6*4=24 6*5=30 6*6=36
7*1=7 7*2=14 7*3=21 7*4=28 7*5=35 7*6=42 7*7=49
8*1=8 8*2=16 8*3=24 8*4=32 8*5=40 8*6=48 8*7=56 8*8=64
9*1=9 9*2=18 9*3=27 9*4=36 9*5=45 9*6=54 9*7=63 9*8=72 9*9=81

1*1=1
2*1=2 2*2=4
3*1=3 3*2=6 3*3=9
4*1=4 4*2=8 4*3=12 4*4=16
5*1=5 5*2=10 5*3=15 5*4=20 5*5=25
6*1=6 6*2=12 6*3=18 6*4=24 6*5=30 6*6=36
7*1=7 7*2=14 7*3=21 7*4=28 7*5=35 7*6=42 7*7=49
8*1=8 8*2=16 8*3=24 8*4=32 8*5=40 8*6=48 8*7=56 8*8=64
9*1=9 9*2=18 9*3=27 9*4=36 9*5=45 9*6=54 9*7=63 9*8=72 9*9=81
```

break 语句在 while 循环和 for 循环中都可以使用，一般放在 if 选择结构中，一旦 break 语句被执行，将使得整个循环提前结束。continue 语句的作用是终止当前循环，并忽略 continue 之后的语句，然后回到循环的顶端，提前进入下一次循环。除非 break 语句让代码更简单或更清晰，否则不要轻易使用。

【例 4.18】 求 100 以内的所有素数示例。

```
aList = []
for n in range(2, 100):
    for i in range(2, n):
        if n%i == 0:
            break
    else:
        aList.append(n)
print(aList)
```

程序运行结果如下。

```
[2, 3, 5, 7, 11, 13, 17, 19, 23, 29, 31, 37, 41, 43, 47, 53, 59, 61, 67, 71, 73, 79, 83, 89, 97]
```

编写循环结构有三要素，分别是：初始值，循环结束条件和循环体。初学者容易写出死循环，如果无法停止，使用结束任务也可以。另外，循环结构的嵌套类似于其他结构的嵌套，结合 break 语句和 continue 语句，可以构造足够复杂的程序。

3. 选择结构和循环结构示例

【例 4.19】 计算大整数的阶乘示例。

使用直接方式和间接方式计算大整数的阶乘。Python 可以直接计算，之前已经有案例完成了，但是大多数程序设计语言不能直接计算，通常使用数组结构辅助完成，本案例使用两种方式完成。

```
n=int(input("Please input n:"))
sum=[]
for i in range(36000):
    sum.append(int(0))
sum[0]=1
digit=1
for i in range(2,n+1):
    num = 0
    for j in range(digit):
        temp = sum[j]*i +num
        sum[j] = temp % 10
        num = temp // 10
    while num:
        sum[digit] = num % 10
        num //=10
        digit += 1
sum.reverse()
print(str(sum)[1:-1].replace(", ","").lstrip('0'))
result = 1
for i in range(1,n+1):
```

```
    result *= i
print(result)
```

本程序是计算数字的阶乘的程序,如果输入的数字比较大,那么结果一定非常大,可参看附件的代码说明。

【例 4.20】 判断今天是今年的第几天示例。

```
import time
date = time.localtime()                              # 获取当前日期时间
year, month, day = date[:3]
day_month = [31, 28, 31, 30, 31, 30, 31, 31, 30, 31, 30, 31]
if year%400==0 or (year%4==0 and year%100!=0):       # 判断是否为闰年
    day_month[1] = 29
if month==1:
    print(day)
else:
    print(sum(day_month[:month-1])+day)
```

程序运行结果如下。

```
8
```

【例 4.21】 计算水仙花数示例。

所谓水仙花数是指 1 个 3 位的十进制数,其各位数字的立方和等于该数本身。例如:153 是水仙花数,因为 $153 = 1^3 + 5^3 + 3^3$。

```
for i in range(100, 1000):
    # 这里是序列解包的用法
    bai, shi, ge = map(int, str(i))
    if ge**3 + shi**3 + bai**3 == i:
        print(i)
```

程序运行结果如下。

```
153
370
371
407
```

【例 4.22】 鸡兔同笼问题示例。

假设共有鸡、兔 30 只,脚 90 只,求鸡、兔各有多少只。

```
for ji in range(0, 31):
    if 2*ji + (30-ji)*4 == 90:
        print('ji:', ji, ' tu:', 30-ji)
```

程序运行结果如下。

```
ji: 15  tu: 15
```

【例 4.23】 四个数组成的所有三位数示例。

此例为排列问题,编写程序,输出由 1、2、3、4 这四个数字组成的每位数都不相同的所有三位数。

```
digits = (1, 2, 3, 4)
aList = []
for i in digits:
    for j in digits:
        for k in digits:
            if i!=j and j!=k and i!=k:
                aList.append(i*100+j*10+k)
print(aList)
```

程序运行结果如下。

[123, 124, 132, 134, 142, 143, 213, 214, 231, 234, 241, 243, 312, 314, 321, 324, 341, 342, 412, 413, 421, 423, 431, 432]

【例 4.24】 百鸡百钱问题示例。

假设公鸡 5 元一只, 母鸡 3 元一只, 小鸡 1 元三只, 现在有 100 块钱, 想买 100 只鸡, 问有多少种买法?

```
# 假设能买 x 只公鸡, x 最大为 20
for x in range(21):
    # 假设能买 y 只母鸡, y 最大为 33
    for y in range(34):
        # 假设能买 z 只小鸡
        z = 100-x-y
        if (z%3==0 and 5*x + 3*y + z//3 == 100):
            print(x,y,z)
```

程序运行结果如下。

```
0 25 75
4 18 78
8 11 81
12 4 84
```

【例 4.25】 求 10000 以内的完数示例。

完数, 也叫完全数, 又称完美数或完备数, 是一种特殊的自然数。它所有的真因子（即除了自身以外的约数）的和（即因子函数），恰好等于它本身。

```
def fun(n):
    i=1
    x=0
    while(i<n):
        if(n%i==0):
            x=x+i
        i+=1
    if(x==n):
        return 1
    else:
        return 0
def main():
    for i in range(1,10001):
        if(fun(i)):
            print(i)
```

```
main()
```

程序运行结果如下。

```
6
28
496
8128
```

【例 4.26】 奇数阶幻方示例。

幻方，也叫纵横图，就是在 n×n 的方阵中放入 1 到 n^2 个自然数，在一定的布局下，其各行、各列和两条对角线上的数字之和正好都相等。这个和数就叫作"幻方常数"或幻和。

构造幻方的方法有罗伯法（也叫连续摆数法），其法则如下。把"1"放在中间一列最上边的方格中，从它开始，按对角线方向（比如说按从左下到右上的方向）顺次把由小到大的各数放入各方格中，如果碰到顶，则折向底，如果到达右侧，则转向左侧，如果进行中轮到的方格中已有数或到达右上角，则退至前一格的下方。

```
def fun(a,n):                      # n 阶幻方(n 为奇数)
    a = [[0] * n for _ in range( n )]
    # print(a)
    '''
    将 1 放在第一行中间一列
    从 2 开始直到 n*n 止各数依次按下列规则存放：
    按 45 度方向行走，W 向右上：每一个数存放的行比前一个数的行数减 1，列数加 1；
    如果行列范围超出矩阵范围，则回绕，例如，1 在第 1 行，则 2 应放在最后一行，列数同样加 1；
    如果按上面规则确定的位置上已有数，则把下一个数放在上一个数的下面
    '''
    i=0                            # 行坐标
    j=(n-1)//2                     # 列坐标
    a[i][j]=1                      # 第一行中间为 1
    for k in range(2,n*n+1):       # 还剩 n*n-1 个值没填到数组中，从 2 开始寻找对应位
                                   #   置填值
        i-=1                       # 行坐标减 1
        j+=1                       # 列坐标加 1
        if i==-1 and j<=n-1:       # 如果前一个数是在第一行，则得到的行坐标 i 是-1，此
                                   #   时行坐标需要回绕，将其放在最后一行
            i=n-1
        elif i>=0 and j==n:        # 如果前一个数是在第 n 行，则得到的列坐标 j 是 n，此
                                   #   时行坐标需要回绕，将其放在第一列
            j=0
        elif (i==-1 and j==n) or a[i][j]>0:  # 如果前一个数是最右上角的数，或者 i-1，
                                   #   j+1 得到的坐标已经有数，则将其放在前一
                                   #   个数的下面，如 n=3，计算 4 的位置时
            i+=2
            j-=1
        a[i][j]=k
    for i in range(0,n):
        for j in range(0,n):
            print(a[i][j],end='\t')
    print()
n=int(input('输入一个数：'))
a=[[0]*n for _ in range(n)]
```

```
    fun(a,n)
```

程序运行结果如下。

```
输入一个数：5
17  24   1   8  15
23   5   7  14  16
 4   6  13  20  22
10  12  19  21   3
11  18  25   2   9
```

【例 4.27】 螺旋方阵示例。

```
import numpy
def fun():
    print("please input n:",end='')
    n=int(input())
    i=0
    j=0
    k=1
    a = [[0] * n for i in range(n)]
    while(i<n//2):
        j=i
        while(j<n-i-1):
            a[i][j]=k
            k += 1
            j += 1
        j=i
        while(j<n-i-1):
            a[j][n-1-i]=k
            k += 1
            j += 1
        j=n-i-1
        while(j>i):
            a[n-i-1][j]=k
            k += 1
            j -= 1
        j=n-i-1
        while(j>i):
            a[j][i]=k
            k += 1
            j -= 1
        i += 1
    if(n%2!=0):
        a[n//2][n//2]=k
    a=numpy.array(a)
    print(a)
fun()
```

程序运行结果如下。

```
please input n:4
[[ 1  2  3  4]
 [12 13 14  5]
 [11 16 15  6]
```

```
            [10  9  8  7]]
please input n:5
[[ 1  2  3  4  5]
 [16 17 18 19  6]
 [15 24 25 20  7]
 [14 23 22 21  8]
 [13 12 11 10  9]]
```

【例 4.28】 求子集示例。

```
a = [1,2,3,4]
b = []
for i in range(2):
    for j in range(2):
        for k in range(2):
            for l in range(2):
                if i:
                    b.append(1);
                if j:
                    b.append(2)
                if k:
                    b.append(3)
                if l:
                    b.append(4)
                print(b)
                b.clear()
```

程序运行结果如下。

```
[]
[4]
[3]
[3, 4]
[2]
[2, 4]
[2, 3]
[2, 3, 4]
[1]
[1, 4]
[1, 3]
[1, 3, 4]
[1, 2]
[1, 2, 4]
[1, 2, 3]
[1, 2, 3, 4]
```

4.1.3 异常处理

1. 异常

简单地说，异常是指程序运行时引发的错误，引发错误的原因有很多，例如，除零、下标越界、文件不存在、网络异常、类型错误、名字错误、字典键错误、磁盘空间不足等。如果这些错误得不到正确的处理则会导致程序终止运行，而合理地使用异常处理结果可以使得程序更加健壮,具有更强的容错性,不会因为用户的错误输入或其他运行时的原因而造成程序终止。使用异常处理结构也可以为用户提供更加友好的提示。程序出现异常或错误之后是否能够调试程序并快速定位和解决存在的问题是程序员综合水平和能力的重要体现方式之一。

异常的常见表现形式如下。

```
>>> x, y = 10, 5
>>> a = x / y
>>> A
Traceback (most recent call last):
  File "<pyshell# 35>", line 1, in <module>
    A
NameError: name 'A' is not defined
>>> 10 * (1/0)
Traceback (most recent call last):
  File "<pyshell# 39>", line 1, in <module>
    10 * (1/0)
ZeroDivisionError: division by zero
```

语法错误和逻辑错误不属于异常,但有些语法错误往往会导致异常,例如,由于大小写拼写错误而访问不存在的对象。异常是指因为程序出错而在正常控制流以外采取的行为。当 Python 检测到一个错误时,解释器就会指出当前流就无法继续执行下去,这时候就出现了异常。异常分为两个阶段:第一个阶段是引起异常发生的错误;第二个阶段是检测并处理错误阶段。当程序出现错误,Python 会自动引发异常,也可以通过 raise 显式地引发异常。

异常处理可以提高程序的健壮性和容错性、把晦涩难懂的错误提示转换为友好提示显示给最终用户。

Python 异常处理结构中可以同时包含多个 except 子句、else 子句和 finally 子句。其语法如下。

```
try:
    <语句>
except <异常名字 1>:
    <语句>              # 在 try 代码块中,引发了对应名字 1 的异常
except <异常名字 2>as<数据>:
    <语句>              # 在 try 代码块中,引发了对应名字 2 的异常,获得附加的数据
finally:
    <语句>              # 有没有异常,都会执行的语句
```

【例 4.29】 异常处理结构示例。

```
def div(x, y):
try:
    print(x / y)
except ZeroDivisionError:
    print('ZeroDivisionError')
except TypeError:
    print('TypeError')
else:
    print('No Error')
finally:
    print("executing finally clause")
```

```
    div(5, 0)
```

程序运行结果如下。

```
    ZeroDivisionError
    executing finally clause
```

运行 try 语句后，Python 会在当前程序的上下文中做标记，这样当异常出现时就可以回到这里。如果运行 try 语句没有发生异常，则程序直接跳转到 finally 语句位置。如果运行 try 后的语句发生异常，程序流就会跳出 try 语句，并运行第一个匹配该异常的 except 子句；若没有异常匹配的 except 子句，该异常被递交到上层的 try 语句，或者到程序的最上层，此时将结束程序，并输出默认的出错信息。异常处理完毕后，控制流就通过整个 try 语句。finally 子句无论系统有无异常都会运行。

except 子句可以有多个，Python 会按照 except 子句的顺序依次匹配出现的异常，如果异常已经处理就不会再进入后面的 except 子句。except 子句后面如果不指定异常类型，则默认捕获所有异常。可以通过 logging 或者 sys 模块获取当前异常。except 子句可选，finally 子句也可选，但是二者必须要选一个，否则 try 语句就没有意义。except 子句可以以元组形式同时指定多个异常。

Python 程序除了可以捕获异常外，还可以在代码中使用 raise 语句主动抛出异常。raise 语句的一般语法如下。

```
    raise [Exception [, args [, traceback]]]
```

其中，Exception 是异常的类型，args 是异常参数的值。参数是可选的，如果没有提供，则异常参数值为 None。最后一个参数 traceback 也是可选的，如果存在，则用于异常的追溯对象。

【例 4.30】 抛出异常示例。

```
    x = input("Please input x:")
    if (int(x)<5):
        raise NameError("Hello")
```

程序运行结果如下。

```
    Please input x:3
    Traceback (most recent call last):
    File "C:/Users/zb/PycharmProjects/untitled/20221016/5.15.py", line 3, in <module>
        raise NameError("Hello")
    NameError: Hello
```

raise 唯一的一个参数指定了要被抛出的异常。它必须是一个异常的实例或者是异常的类（在 Python 中异常类都是 Exception 的子类）。

【例 4.31】 抛出并捕获异常示例。

```
    try:
        x = input("Please input x:")
        if (int(x)<5):
            raise NameError("Hello")
        print(x)
    except NameError as arg:
        print(arg)
```

程序运行结果如下。

```
Please input x:3
Hello
```

2. 断言与上下文管理

断言与上下文管理是两种比较特殊的异常处理方式，在形式上比异常处理结构要简单一些。

断言语句的语法是：

```
assert expression[, reason]。
```

当判断表达式 expression 为真时，什么都不做；如果表达式为假，则抛出异常。assert 语句一般用于开发程序时对特定必须满足的条件进行验证，仅当__debug__为 True 时有效。当 Python 脚本以-O 选项编译为字节码文件时，assert 语句将被移除以提高运行速度。

上下文管理指的是使用 with 自动关闭资源，可以在代码块执行完毕后还原进入该代码块时的现场，保证文件被正确关闭，资源被正确释放。

with 语句的语法如下。

```
with context_expr [as var]:
    with 块
```

3. 可变与不可变对象

Python 中有些对象是可变的，有些对象是不可变的。可以使用函数 hash(object)来判断对象是否可变，如果 hash 函数返回值不可变，hash 抛出异常，否则是可变对象。以下示例针对 list、tuple、range、str、bytes、bytearray、memoryview、set、frozenset、dict 十类对象进行是否为可变对象的测试。

【例 4.32】 判断十类对象是否为可变对象示例。

```python
a=[1,2,'hello']
b=set('hello')
c=dict(one=11, two=22, three=33)
d=bytearray('hello',encoding='utf-8')
e=(1,2,'hello')
f=range(1,6,2)
g='hello'
h=bytes('hello',encoding='utf-8')
i=memoryview(b'hello')
j=frozenset('hello')
test=[a,b,c,d,e,f,g,h,i,j]
for i in test:
    try:
        hash(i)
        print(f'{type(i)} 是不可变对象')
    except:
        print(f'{type(i)} 是可变对象')
```

程序运行结果如下。

```
<class 'list'> 是可变对象
<class 'set'> 是可变对象
<class 'dict'> 是可变对象
```

```
<class 'bytearray'> 是可变对象
<class 'tuple'> 是不可变对象
<class 'range'> 是不可变对象
<class 'str'> 是不可变对象
<class 'bytes'> 是不可变对象
<class 'memoryview'> 是不可变对象
<class 'frozenset'> 是不可变对象
```

4.1.4 函数

1. 函数定义

将可能需要反复执行的代码封装为函数,并在需要该功能的地方进行调用,不仅可以实现代码复用,更可以保证代码的一致性,函数代码的变化会影响所有调用。设计函数时,应注重提高模块的内聚性,同时降低模块之间的隐式耦合。在实际项目开发中,往往会把一些通用的函数封装到一个模块中,并把这个通用模块文件放到顶层文件夹中,这样更方便管理。

在编写函数时,应尽量减少副作用,尽量不要修改参数本身,也不要修改除返回值以外的其他内容。应充分利用 Python 函数式编程的特点,让自行定义的函数尽量符合纯函数式编程的要求,例如,保证线程安全、可以并行运行等等。

函数定义语法如下。

```
def 函数名([参数列表]):
    '''注释'''
    函数体
```

注意事项如下。
- 函数形参不需要声明其类型,也不需要指定函数返回值类型。
- 即使该函数不需要接收任何参数,也必须保留一对空的圆括号。
- 括号后面的冒号必不可少。
- 函数体相对于 def 关键字必须保持一定的空格缩进。
- Python 允许嵌套定义函数。

函数的使用遵循"先定义后使用"的原则。即:函数的定义必须出现在调用函数的语句之前,调用函数时使用函数名和函数对应的参数即可。

【例 4.33】 函数的定义与使用示例。

```
def func_demo(r):
    '''
    :param r: 此函数输入参数为圆的半径 r
    :return: 返回值为圆的周长和面积
    '''
    pi = 3.14
    p, a = 2 * pi * r, pi * r * r
    return p, a
r = 9
p, a = func_demo(r)
help(func_demo)
print(type(func_demo(r)))
print(f'Perimeter is: {p}')
```

```
    print(f'Area is: {a}')
    print(help(func_demo))
```

程序运行结果如下。

```
Help on function func_demo in module __main__:
func_demo(r)
    :param r: 此函数输入参数为圆的半径 r
    :return: 返回值为圆的周长和面积
<class 'tuple'>
Perimeter is: 56.52
Area is: 254.34
Help on function func_demo in module __main__:
func_demo(r)
    :param r: 此函数输入参数为圆的半径 r
    :return: 返回值为圆的周长和面积
None
```

注意：help(func_demo)函数打印 func_demo 函数的帮助信息。函数的返回值为一个元组（周长，面积）。该元组的元素个数可以是 0~n 个。若无 return 关键字或返回值，函数一律返回 None。

在定义函数时，开头部分的注释并不是必需的，但是如果为函数的定义加上注释的话，可以为用户提供友好的提示和使用帮助。Python 是一种高级动态编程语言，变量类型是随时可以改变的。Python 中的函数和自定义对象的成员也是可以随时发生改变的，可以为函数和自定义对象动态增加新成员。

函数的递归调用是函数调用的一种特殊情况，函数调用自己，自己再调用自己，自己再调用自己，…，当某个条件得到满足的时候就不再调用了，然后再一层一层地返回直到该函数的第一次调用。如图 4.3 所示。

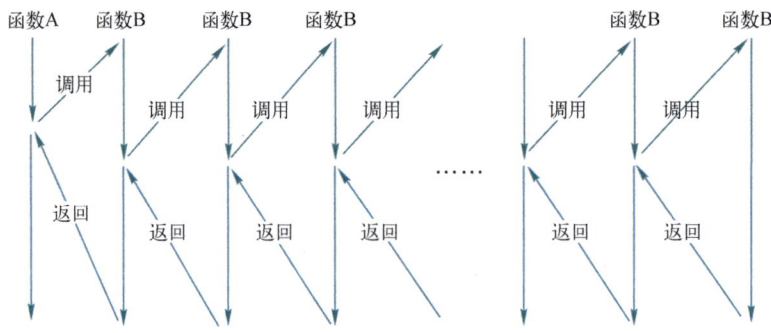

图 4.3　函数的递归调用示意图

2. 函数参数

函数定义时括弧内为形参，一个函数可以没有形参，但不能没有括弧，括弧表示该函数不接受参数。函数调用时向其传递实参，将实参的值或引用传递给形参。在定义函数时，对参数个数并没有限制，如果有多个形参，需要使用逗号进行分割。

绝大多数情况下，在函数内部直接修改形参的值不会影响实参。但在某些情况下，可以通过特殊的方式在函数内部修改实参的值。也就是说，如果传递给函数的是可变序列，并且在函数内部使用下标或可变序列自身的方法增加、删除元素或修改元素时，修改后的结果是可以反映到函数之外的，实参也得到相应的修改。

在 Python 中，函数参数有很多种：可以为普通参数、位置参数、默认值参数、关键参数、可变长参数等等。Python 在定义函数时不需要指定形参的类型，完全由调用者传递的实参类型以及 Python 解释器的理解和推断来决定，类似于重载和泛型；不需要指定函数的类型，这将由函数中的 return 语句来决定，如果没有 return 语句或者 return 没有得到执行，则认为返回空值 None。

以下示例分别对位置参数、默认值参数、关键参数与可变长参数进行了说明。

（1）位置参数

位置参数顾名思义就是依靠位置的顺序匹配参数，一般的程序设计语言中函数都支持位置参数。Python 支持对函数参数和返回值类型的标注，但实际上并不起任何作用，只是看起来方便。位置参数是比较常用的形式，调用函数时实参和形参的顺序必须严格保证一致，并且实参和形参的数量也必须相同。

【例 4.34】 位置参数示例。

```
def demo(a, b, c):
print(a, b, c)
demo(3, 4, 5)
demo(3, 5, 4)
```

程序运行结果如下。

```
3 4 5
3 5 4
```

根据位置，参数结合时，a 赋值 3，b 赋值 4，c 赋值 5。

（2）默认值参数

默认值参数是指该参数在声明时带有默认值，如果参数结合之时给该参数赋值，则按照赋值内容结合，如果没有，则使用默认值结合。默认值参数必须出现在函数参数列表的最右端，且任何一个默认值参数右边不能有非默认值参数。调用带有默认值参数的函数时，可自行选择对其是否赋值。

【例 4.35】 默认值参数示例。

```
def say( message, times =1 ):
print(message * times)
say('hello')
say('hello ',3)
say('hi ',7)
```

程序运行结果如下。

```
hello
hello hellohello
hi hihihihihihihi
```

默认值参数如果使用不当，会导致很难发现逻辑错误。

【例 4.36】 默认值参数的异常情况及改进示例。

```
def demo(newitem,old_list=[]):
    old_list.append(newitem)
    return old_list
print(demo('5',[1,2,3,4]))        # right
print(demo('aaa',['a','b']))      # right
print(demo('a'))                   # right
print(demo('b'))                   # wrong
                                   # 改变之后不会出现上面的问题
def demo(newitem,old_list=None):
    if old_list is None:
        old_list=[]
    old_list.append(newitem)
    return old_list
print(demo('5',[1,2,3,4]))
print(demo('aaa',['a','b']))
print(demo('a'))
print(demo('b'))
```

程序运行结果如下。

```
[1, 2, 3, 4, '5']
['a', 'b', 'aaa']
['a']
['a', 'b']                         # 这里出现错误了
[1, 2, 3, 4, '5']
['a', 'b', 'aaa']
['a']
['b']                              # 这才是正确的
```

第一种方式测试时出现的问题，是由于默认值参数的赋值只会在函数定义时被解释一次所导致。当使用可变序列作为参数默认值时，一定要谨慎操作。

注意：默认值参数只在函数定义时被解释一次；可以使用"函数名.__defaults__"查看所有默认参数的当前值。

（3）关键参数

关键参数主要指实参，即调用函数时的参数传递方式。通过关键参数，实参顺序可以和形参顺序不一致，但不影响传递结果，也避免了用户需要牢记位置参数顺序的麻烦。

关键参数对应的是位置参数。如果参数结合之时不想按照位置结合，则在调用时，使用参数名进行结合。

【例 4.37】 关键参数示例。

```
def demo(a,b,c=5):
    print(a,b,c)

demo(3,7)
demo(a=7,b=3,c=6)
demo(c=8,a=9,b=0)        # 后两种是关键参数的案例
```

程序运行结果如下。

```
3 7 5
7 3 6
9 0 8
```

(4) 可变长参数

可变长参数主要有两种形式：*parameter 用来接受多个实参并将其放在一个元组中；**parameter 接受关键参数并存放到字典中。典型案例比如说 C 语言中的 main 函数参数就可以理解为可变长参数。

*parameter 的用法示例。

【例 4.38】 可变长参数示例一。

```
def demo(*p):
print(p)
demo(1,2,3)
demo(1,2)
demo(1,2,3,4,5,6,7)
```

程序运行结果如下。

```
(1, 2, 3)
(1, 2)
(1, 2, 3, 4, 5, 6, 7)
```

**parameter 的用法示例。

【例 4.39】 可变长参数示例二。

```
def demo(**p):
    for item in p.items():
        print(item)
demo(x=1,y=2,z=3)
```

程序运行结果如下。

```
('x', 1)
('y', 2)
('z', 3)
```

传递参数时，可以通过在实参序列前加星号将其解包，然后传递给多个单变量形参。

注意：调用函数时如果对实参使用一个星号*进行序列解包，那么这些解包后的实参将会被当作普通位置参数对待，并且会在关键参数和使用两个星号**进行序列解包的参数之前进行处理。

【例 4.40】 参数序列解包示例。

```
def demo(a, b, c):
    print(a+b+c)
seq = [1, 2, 3]
demo(*seq)
tup = (1, 2, 3)
demo(*tup)
dic = {1:'a', 2:'b', 3:'c'}
demo(*dic)
demo(*dic.values())
Set = {1, 2, 3}
```

```
demo(*Set)
demo(*(1, 2, 3))
demo(1, *(2, 3))
demo(1, *(2,), 3)
demo(c=1, *(2, 3))
demo(*(3,), **{'c':1, 'b':2})
```

程序运行结果如下。

```
6
6
6
abc
6
6
6
6
6
6
```

3. return 语句

return 语句用来从一个函数中返回一个值，同时结束函数。如果函数没有 return 语句，或者有 return 语句但是没有执行到，或者只有 return 而没有返回值，Python 将认为该函数以 return None 结束。在调用函数或对象方法时，一定要注意有没有返回值，这决定了该函数或方法的用法。

【例 4.41】 return 语句示例。

```
def maximum(x, y):
    if x>y:
        return x
    else:
        return y
print(maximum(7, 5))
print(maximum(1, 9))
a_list = [1, 2, 3, 4, 9, 5, 7]
print(sorted(a_list))
print(a_list)
a_list.sort()
print(a_list)
```

程序运行结果如下。

```
7
9
[1, 2, 3, 4, 5, 7, 9]
[1, 2, 3, 4, 9, 5, 7]
[1, 2, 3, 4, 5, 7, 9]
```

4. 变量的作用域

变量起作用的代码范围称为变量的作用域，不同作用域内变量名可以相同，互不影响。一个变量在函数外部定义和在函数内部定义，其作用域是不同的。在函数内部定义的普通变量只在函数内部起作用，称为局部变量。当函数执行结束后，局部变量自动删除，不可以再使用。局部变量的引用比全局变量速度快,建议优先考虑使用。

如果想要在函数内部给一个定义在函数外的变量赋值,那么这个变量就不能是局部的,其作用域也必须为全局的,能够同时作用于函数内外,称为全局变量,可以通过关键字 global 来定义。这分为两种情况:一个变量已在函数外定义,如果在函数内需要为这个变量赋值,并要将这个赋值结果反映到函数外,可以在函数内用 global 声明这个变量,将其声明为全局变量。在函数内部直接将一个变量声明为全局变量,在函数外没有声明,该函数执行后,将增加为新的全局变量。

也可以理解为:在函数内如果只引用某个变量的值而没有为其赋新值,该变量为(隐式的)全局变量;如果在函数内任意位置有为变量赋新值的操作,该变量即被认为是(隐式的)局部变量,除非在函数内显式地用关键字 global 进行声明。

【例 4.42】 global 的作用域示例。

```
def demo():
global x
x = 3
y =4
print(x,y)
x = 5
demo()
print(x)
# print(y)                    # 此处作用域没有 y
del x
# print(x)                    # 此处作用域没有 x
demo()
print(x)                      # 此处作用域再次有 x 了
```

程序运行结果如下。

```
3 4
3
3 4
3
```

注意:在某个作用域内只要存在为变量赋值的操作,该变量在这个作用域内就是局部变量,除非使用 global 进行了声明。如果局部变量与全局变量具有相同的名字,那么该局部变量会在自己的作用域内隐藏同名的全局变量。如果需要在同一个程序的不同模块之间共享全局变量的话,可以编写一个专门的模块来进行实现。

除了局部变量和全局变量,Python 还支持使用 nonlocal 关键字定义一种介于二者之间的变量。关键字 nonlocal 声明的变量会引用距离最近的非全局作用域的变量,要求声明的变量已经存在,关键字 nonlocal 不会创建新变量。

【例 4.43】 nonlocal 的作用域示例。

```
def scope_test():
    def do_local():
        spam = "我是局部变量"
    def do_nonlocal():
        nonlocal spam            # 这时要求 spam 必须是已存在的变量
```

```
                spam = "我不是局部变量，也不是全局变量"
            def do_global():
                global spam                # 如果全局作用域内没有 spam，就自动新建一个
                spam = "我是全局变量"
        spam = "原来的值"
    do_local()
        print("局部变量赋值后: ", spam)
    do_nonlocal()
        print("nonlocal 变量赋值后: ", spam)
    do_global()
        print("全局变量赋值后: ", spam)
    scope_test()
    print("全局变量: ", spam)
```

程序运行结果如下。

```
局部变量赋值后: 原来的值
nonlocal 变量赋值后: 我不是局部变量，也不是全局变量
全局变量赋值后: 我不是局部变量，也不是全局变量
全局变量: 我是全局变量
```

5. lambda 表达式

lambda 表达式可以用来声明匿名函数，也就是没有函数名字的临时使用的小函数，尤其适合需要一个函数作为另一个函数参数的场合。lambda 表达式只可以包含一个表达式，该表达式的计算结果可以看作是函数的返回值，不允许包含其他复杂的语句，但在表达式中可以调用其他函数。例如：g = lambda x, y=2,z=3: x+y+z   # 参数默认值；print(g(1))，输出为 6。

【例 4.44】 lambda 表达式示例。

```
x=2
y=3
f=lambda x,y:x*x+y*y
g=lambda : 39
print(f(x,y))
print(g())
```

程序运行结果如下。

```
13
39
```

6. 函数案例

【例 4.45】 计算：1! + 2! + 3! + ... + 20!示例。

```
s = 0
l = range(1,21)
def op(x):
    r = 1
    for i in range(1,x + 1):
        r *= i
    return r
s = sum(map(op,l))
print ('1! + 2! + 3! + ... + 20! = %d' % s)
```

程序运行结果如下。

```
1! + 2! + 3! + ... + 20! = 2561327494111820313
```

【例4.46】 输出杨辉三角形示例。

```python
def yanghui(n):
    a = []
    for i in range(n):
        a.append([])
        for j in range(n):
            a[i].append(0)
    for i in range(n):
        a[i][0] = 1
        a[i][i] = 1
    for i in range(2, n):
        for j in range(1, i):
            a[i][j] = a[i - 1][j - 1] + a[i - 1][j]
    from sys import stdout
    for i in range(n):
        for j in range(i + 1):
            stdout.write(str(a[i][j]))
            stdout.write(' ')
        print()
yanghui(10)
```

程序运行结果如下。

```
1
1 1
1 2 1
1 3 3 1
1 4 6 4 1
1 5 10 10 5 1
1 6 15 20 15 6 1
1 7 21 35 35 21 7 1
1 8 28 56 70 56 28 8 1
1 9 36 84 126 126 84 36 9 1
```

【例4.47】 递归求阶乘示例。

```python
def fact(n):
    if n == 0 or n == 1:
        return 1
    elif n < 0:
        return -1
    else:
        return n * fact(n-1)
print(fact(20))
```

程序运行结果如下。

```
2432902008176640000
```

【例4.48】 递归汉诺塔示例。

```python
def hannoi(num, src, dst, temp=None):
    global times                    # 声明用来记录移动次数的变量为全局变量
    assert type(num) == int, 'num must be integer'    # 确认参数类型和范围
    assert num > 0, 'num must > 0'
    if num == 1:                    # 只剩最后或只有一个盘子需要移动,这也是函数递归调用的结束条件
        print('The {0} Times move:{1}==>{2}'.format(times, src, dst))
        times += 1
    else:
        # 递归调用函数自身,先把除最后一个盘子之外的所有盘子移动到临时柱子上
        hannoi(num-1, src, temp, dst)
        hannoi(1, src, dst)         # 把最后一个盘子直接移动到目标柱子上
        # 把除最后一个盘子之外的其他盘子从临时柱子上移动到目标柱子上
        hannoi(num-1, temp, dst, src)
times = 1                           # 用来记录移动次数的变量
hannoi(5, 'A', 'C', 'B')            # A表示最初放置盘子的柱子,C是目标柱子,B是临时柱子
```

程序运行结果详见附件代码说明文档,结果中演示了五个盘子的移动过程。

【例4.49】 打印空心菱形示例。

```python
def diamond(n):
    for y in range(-n + 1, n):
        for x in range(-n + 1, n):
            if abs(x) + abs(y) == n - 1:
                print(' *', end='')
            else:
                print('  ', end='')
        print()
n = int(input("请输入行数:"))
diamond(n)
```

程序运行结果如下。

```
请输入行数: 5
        *
      *   *
    *       *
  *           *
*               *
  *           *
    *       *
      *   *
        *
```

【例4.50】 阿拉伯数字转罗马数字示例。

```python
# coding=utf-8
class Solution:
    def parse(self, digit, index):
        NUMS = {
            1: 'I',
            2: 'II',
            3: 'III',
            4: 'IV',
            5: 'V',
```

```
                6: 'VI',
                7: 'VII',
                8: 'VIII',
                9: 'IX',
            }
        ROMAN = {
            'I': ['I', 'X', 'C', 'M'],
            'V': ['V', 'L', 'D', 'V'],
            'X': ['X', 'C', 'M', '?']
        }
        s = NUMS[digit]
        return s.replace('X', ROMAN['X'][index]).replace('I', ROMAN['I'][index]).replace('V', ROMAN['V'][index])
    def intToRoman(self, num):
        s = ''
        index = 0
        while num != 0:
            digit = num % 10
            if digit != 0:
                s = self.parse(digit, index) + s
            num = num // 10
            index += 1
        return s
if __name__ == '__main__':
    temp = Solution()
    int1 = 832
    int2 = 99
    print(("输入："+str(int1)))
    print(("输出："+str(temp.intToRoman(int1))))
    print(("输入："+str(int2)))
    print(("输出："+str(temp.intToRoman(int2))))
```

程序运行结果如下。

```
输入：832
输出：DCCCXXXII
输入：99
输出：XCIX
```

【例 4.51】 最长公共子序列示例。

最长公共子序列（LCS）是用来在一个序列集合中（通常为两个序列）查找所有序列中最长子序列的问题。一个数列如果分别是两个或多个已知数列的子序列，且是所有符合此条件序列中最长的，则称为已知序列的最长公共子序列。最长公共子序列问题存在最优子结构：这个问题可以分解成更小、更简单的"子问题"，这个子问题可以分成更多的子问题，因此整个问题就变得简单了。最长公共子序列问题的子问题的解是可以重复使用的，也就是说，更高级别的子问题通常会重用低级子问题的解。拥有两个属性的问题可以使用动态规划算法来解决，这样子问题的解就可以被储存起来，不用重复计算。

```
def longestCommonSubsequence(A, B):
    n, m = len(A), len(B)
```

```python
        f = [[0] * (n + 1) for i in range(m + 1)]
        for i in range(n):
            for j in range(m):
                f[i + 1][j + 1] = max(f[i][j + 1], f[i + 1][j])
                if A[i] == B[j]:
                    f[i + 1][j + 1] = f[i][j] + 1
        return f[n][m]
A = "ABCD"
B = "EACB"
print("序列A: ", A)
print("序列B: ", B)
print("最长公共子序列长度: ", longestCommonSubsequence(A, B))
```

程序运行结果如下。

```
序列A:  ABCD
序列B:  EACB
最长公共子序列长度:  2
```

【例 4.52】 子集问题示例。

给定 n 个元素,要求找出其所有的子集(包括空集和自身),与全排列问题不同,子集不要求元素顺序,且不能有重复的子集。

```python
from functools import reduce
def subsetsWithDup(S):
    S.sort()
    p = [[S[x] for x in range(len(S)) if i >> x & 1] for i in range(2 ** len(S))]
    func = lambda x, y: x if y in x else x + [y]
    p = reduce(func, [[], ] + p)
    return list(reversed(p))
S = [1, 2, 3, 4]
print("S是: ", S)
print("可能的子集是: ", subsetsWithDup(S))
```

程序运行结果如下。

```
S是:  [1, 2, 3, 4]
可能的子集是:  [[1, 2, 3, 4], [2, 3, 4], [1, 3, 4], [3, 4], [1, 2, 4], [2, 4], [1, 4], [4], [1, 2, 3], [2, 3], [1, 3], [3], [1, 2], [2], [1], []]
```

【例 4.53】 背包问题示例。

背包问题(Knapsack problem)是一种组合优化的 NP 完全问题。在 1978 年由 Merkle 和 Hellman 提出。问题可以描述为:给定一组物品,每种物品都有自己的重量和价格,在限定的总重量内,如何选择才能使得物品的总价格最高。问题的名称来源于如何选择最合适的物品放置于给定背包中。相似问题经常出现在商业、组合数学、计算复杂性理论、密码学和应用数学等领域中。也可以将背包问题描述为决定性问题,即在总重量不超过 W 的前提下,总价值是否能达到 V。

```python
def backPack(m, A):
    n = len(A)
    f = [[False] * (m + 1) for _ in range(n + 1)]
    f[0][0] = True
```

```
        for i in range(1, n + 1):
            f[i][0] = True
            for j in range(1, m + 1):
                if j >= A[i - 1]:
                    f[i][j] = f[i - 1][j] or f[i - 1][j - A[i - 1]]
                else:
                    f[i][j] = f[i - 1][j]
        for i in range(m, -1, -1):
            if f[n][i]:
                return i
        return 0
m = 11
A = [2, 3, 5, 7]
print("背包大小: ", m)
print("每个物品大小: ", A)
print("最多装满的空间: ", backPack(m, A))
```

程序运行结果如下。

```
背包大小:   11
每个物品大小:  [2, 3, 5, 7]
最多装满的空间:  10
```

【例4.54】 绘制国际象棋棋盘示例。

要求输出国际象棋棋盘。

分析：国际象棋棋盘由 64 个黑白相间的格子组成，分为 8 行×8 列。

用 i 控制行，j 来控制列，根据 i+j 的和的变化来控制输出黑方格，还是白方格。

```
import turtle
n = 50                                  # 每行间隔，小格子边长
x = -250                                # x 初始值
y = -200                                # x 初始值
def main():
turtle.speed(11)
turtle.pensize(2)
turtle.penup()
    # 先画 8×8 的正方形，并按要求涂黑
    for i in range(8):
        for j in range(8):
turtle.goto(x + i * n, y + j * n)
            if (i + j) % 2 == 0:        # 白格子
draw_square(n, "white")
            elif (i + j) % 2 == 1:      # 黑格子
draw_square(n, "black")
    # 再画外面两个正方形
    x1 = x - n * 0.12
    y1 = y - n * 0.12
    n1 = n * 8 + 2 * n * 0.12
turtle.goto(x1, y1)
turtle.pensize(4)
    draw_square_2(n1)
    # -----------------------------------------------
    x2 = x - n * 0.3
    y2 = y - n * 0.3
```

```
        n2 = n * 8 + 2 * n * 0.3
    turtle.goto(x2, y2)
    turtle.pensize(10)
        draw_square_2(n2)
    turtle.hideturtle()
    turtle.done()
def draw_square(length: float, fill_color: str):
    """
    # 画正方形并填充
    :param length: 边长
    :paramfill_color: 填充颜色
    :return: 无
    """
    turtle.pendown()
    turtle.begin_fill()
    turtle.fillcolor(fill_color)
        for index in range(4):
    turtle.forward(length)
    turtle.left(90)
    turtle.end_fill()
    turtle.penup()
def draw_square_2(length: float):
    """
    # 画正方形,不填充
    :param length: 边长
    :return: 无
    """
    turtle.pendown()
        for index in range(4):
    turtle.forward(length)
    turtle.left(90)
    turtle.penup()
if __name__ == '__main__':
    main()
```

程序运行结果如图 4.4 所示。

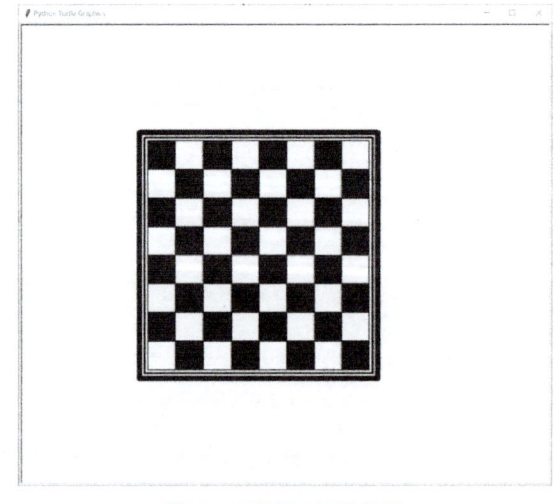

图 4.4　程序运行结果图

4.1.5 文件

为了长期保存数据以便重复使用、修改和共享，必须将数据以文件的形式存储到外部存储介质（如磁盘、U 盘、光盘或云盘、网盘、快盘等）中。文件操作在各类应用软件的开发中均占有重要的地位，管理信息系统是使用数据库来存储数据的，而数据库最终还是要以文件的形式存储到硬盘或其他存储介质上。应用程序的配置信息往往也是由文件来存储的，图形、图像、音频、视频、可执行文件等，也都是以文件的形式存储在磁盘上的。

按文件中数据的组织形式把文件分为文本文件和二进制文件两类。文本文件存储的是常规字符串，由若干文本行组成，通常每行以换行符 '\n' 结尾。常规字符串是指记事本或其他文本编辑器能正常显示、编辑，并且人类能够直接阅读和理解的字符串，如英文字母、汉字、数字字符串。文本文件可以使用字处理软件如 gedit、记事本进行编辑。二进制文件把对象内容以字节串(bytes)进行存储，无法用记事本或其他普通字处理软件直接进行编辑，也无法被人类直接阅读和理解，需要使用专门的软件进行解码后读取、显示、修改或执行。常见的图形图像文件、音视频文件、可执行文件、资源文件、各种数据库文件、各类 office 文档等都属于二进制文件。

1. 文件基本操作

文件内容操作包括三步：打开、读写、关闭。对应下面的 open 函数即打开文件，打开文件之后可以得到文件指针，然后根据文件指针对文件进行读写操作，操作完之后，需要关闭文件。打开文件相当于在内存中为文件开辟一个存储区，将文件从外存读入到内存中一部分或者全部，读写操作是在内存缓冲区中对文件内容进行读写，操作系统会根据系统程序逐步将修改部分写回外存中，但不能保证最后做的修改是否写回外存，只有当关闭发生时，才会将最后的修改写回外存。因此，如果没有关闭操作，可能会导致某些操作所做的修改没有保存到实际文件中。因此，为保证正确性，必须在最后关闭文件。为了方便文件操作，Python 提供 with 语句，默认最后关闭文件，避免程序员在关闭操作中的失误。

```
open(file, mode='r', buffering=-1, encoding=None, errors=None,newline=None, closefd=True, opener=None)
```

各参数说明如下。
- 文件名指定了被打开的文件名称。文件名包含三部分：路径名（包括绝对路径和相对路径）、主文件名和文件的扩展名。绝对路径与操作系统的磁盘划分有关，相对路径一般是相对程序而言；如果是打包发布之后的是可执行.exe 文件，则相对此文件而言；我们平时写程序在 PyCharm 中，是相对于.py 文件。
- 打开模式指定了打开文件后的处理方式。
- 缓冲区指定了读写文件的缓存模式。0 表示不缓存，1 表示缓存，如大于 1 则表示缓冲区的大小。默认值是缓存模式。
- 参数 encoding 指定对文本进行编码和解码的方式，只适用于文本模式，可以使用 Python 支持的任何格式，如 GBK、UTF-8、CP936 等。
- open 函数返回 1 个文件对象，该对象可以对文件进行各种操作。

如果执行正常, open 函数返回 1 个可迭代的文件对象，通过该文件对象可以对文件进行读写操作。如果指定文件不存在、访问权限不够、磁盘空间不够或其他原因导致创建文件对象失败，则抛出异常。下面的代码分别以读、写方式打开了两个文件并创建了与之对应的文件对象。

当对文件内容操作完以后，一定要关闭文件对象，这样才能保证所做的任何修改都被保存到文件中。需要注意的是，即使写了关闭文件的代码，也无法保证文件一定能够正常关闭。例如，如果在打开文件之后和关闭文件之前发生了错误导致程序崩溃，这时文件就无法正常关闭，所以在管理文件对象时推荐 with 关键字，可以有效地避免这个问题。

用于文件内容读写时，with 语句的用法如下。

```
with open(filename, mode, encoding) as fp:
    # 这里写通过文件对象 fp 读写文件内容的语句
```

上下文管理语句 with 还支持下面的用法，进一步简化了代码的编写。

```
with open('test.txt', 'r') as src, open('test_new.txt', 'w') as dst:
    dst.write(src.read())
```

文件打开方式如表 4.3 所示。

表 4.3　文件打开方式

模式	说明
r	读模式（默认模式，可省略），如果文件不存在则抛出异常
w	写模式，如果文件已存在，先清空原有内容
x	写模式，创建新文件，如果文件已存在则抛出异常
a	追加模式，不覆盖文件中原有内容
b	二进制模式（可与其他模式组合使用）
t	文本模式（默认模式，可省略）
+	读、写模式（可与其他模式组合使用）

文件对象常用属性如表 4.4 所示。

表 4.4　文件对象常用属性

属性	说明
buffer	返回当前文件的缓冲区对象
closed	判断文件是否关闭，若文件已关闭则返回 True
fileno	文件号，一般不需要太关心这个数字
mode	返回文件的打开模式
name	返回文件的名称

文件对象常用方法如表 4.5 所示。

表 4.5　文件对象常用方法

方法	功能说明
close()	把缓冲区的内容写入文件，同时关闭文件，并释放文件对象
detach()	分离并返回底层的缓冲，底层缓冲被分离后，文件对象不再可用，不允许做任何操作
flush()	把缓冲区的内容写入文件，但不关闭文件

方法	功能说明
read([size])	从文本文件中读取 size 个或字符（Python 3.x）的内容作为结果返回，或从二进制文件中读取指定数量的字节并返回，如果省略 size 则表示读取所有内容
readable()	测试当前文件是否可读
readline()	从文本文件中读取一行内容作为结果返回
readlines()	把文本文件中的每行文本作为一个字符串存入列表中，返回该列表，对于大文件会占用较多内存，不建议使用
seek(offset[,whence])	把文件指针移动到新的位置，offset 表示相对于 whence 的位置。whence 为 0 表示从文件头开始计算，1 表示从当前位置开始计算，2 表示从文件尾开始计算，默认为 0
seekable()	测试当前文件是否支持随机访问，如果文件不支持随机访问，则调用方法 seek()、tell()和 truncate()时会抛出异常
tell()	返回文件指针的当前位置
truncate([size])	删除从当前指针位置到文件末尾的内容。如果指定了 size，则不论指针在什么位置都只留下前 size 个字节，其余的一律删除
write(s)	把字符串 s 的内容写入文件
writable()	测试当前文件是否可写
writelines(s)	把字符串列表写入文本文件，不添加换行符

2. 文本文件操作案例

【例4.55】 文本文件的基本操作示例。文件的创建、写操作、读操作、追加操作。

```
with open('demo.txt','w',encoding='utf-8') as f:
    f.write("这里演示文件的创建！以及相关函数的使用和功能!!!\n"*2)
with open('demo.txt','r',encoding='utf-8') as f:
    print('文件读位置:',f.tell())
    s1=f.read(10)
    print(s1)
    print('文件读位置:',f.tell())
    print(f.read())
with open('demo.txt','a+',encoding='utf-8') as f:
    f.write("hello world!!!\n")
with open('demo.txt',encoding='utf-8') as f:
    print(f.read())
```

程序运行结果如下。

```
文件读位置: 0
这里演示文件的创建！
文件读位置: 30
以及相关函数的使用和功能!!!
这里演示文件的创建！以及相关函数的使用和功能!!!
这里演示文件的创建！以及相关函数的使用和功能!!!
这里演示文件的创建！以及相关函数的使用和功能!!!
hello world!!!
```

【例4.56】 读取并显示文本文件的前 5 个字符示例。

```
f=open('demo.txt', 'r', encoding='utf-8')
s=f.read(5)     # 读取文件的前 5 个字符
f.close()
print('s=',s)
```

```
print('字符串 s 的长度(字符个数)=', len(s))
```

程序运行结果如下。

```
字符串 s 的长度(字符个数)= 5
```

【例 4.57】 读取并显示文本文件所有行示例。

```
with open('demo.txt', encoding='utf-8') as fp:
    for line in fp:
        print(line)
```

程序运行结果如下。

```
与 demo.txt 文件中内容有关
这里演示文件的创建! 以及相关函数的使用和功能!!!
这里演示文件的创建! 以及相关函数的使用和功能!!!
hello world!!!
```

【例 4.58】 编写程序，在每行的行尾加上了行号示例。

编写程序，保存为 demo.txt，运行后生成文件 demo_new.txt，其中的内容与 demo.txt 一致，但是在每行的行尾加上了行号。

```
filename = 'demo.txt'
with open(filename, 'r') as fp:
    lines = fp.readlines()
```

程序运行结果如下。

```
生成的 demo_new.txt 文件内容如下。
这里演示文件的创建! 以及相关函数的使用和功能!!!
# 0
这里演示文件的创建! 以及相关函数的使用和功能!!!
# 1
hello world!!!
# 2
# 假设每行最长不超过 100 个字符，在第 100 列插入行号
lines = [line.rstrip()+' '*(100-len(line))+'#'+str(index)+'\n' for index, line in enumerate(lines)]
with open(filename[:-3]+'_new.txt', 'w') as fp:
    fp.writelines(lines)
```

3. 二进制文件操作案例

数据库文件、图像文件、可执行文件、音视频文件、Office 文档等均属于二进制文件。对于二进制文件，不能使用记事本或其他文本编辑软件进行正常读写，也无法通过 Python 的文件对象直接读取和理解二进制文件的内容。必须正确理解二进制文件结构和序列化规则，才能准确地理解二进制文件内容并且设计正确的反序列化规则。所谓序列化，简单地说就是把内存中的数据在不丢失其类型信息的情况下转成对象的二进制形式的过程，对象序列化后的形式经过正确的反序列化过程能够准确无误地恢复为原来的对象。Python 中常用的序列化模块有 struct、pickle、marshal 和 shelve。

【例 4.59】 写入二进制文件示例。

```python
import pickle
i = 13000000
a = 99.056
s = '中国人民 123abc'
lst = [[1, 2, 3], [4, 5, 6], [7, 8, 9]]
tu = (-5, 10, 8)
coll = {4, 5, 6}
dic = {'a':'apple', 'b':'banana', 'g':'grape', 'o':'orange'}
data = [i, a, s, lst, tu, coll, dic]
with open('sample_pickle.dat', 'wb') as f:
    try:
        pickle.dump(len(data), f)        # 表示后面将要写入的数据个数
        for item in data:
            pickle.dump(item, f)
    except:
        print('写文件异常!')              # 如果写文件异常则跳到此处执行
```

程序运行结果是生成了 sample_pickle.dat 文件。

【例 4.60】 读取二进制文件示例。

```python
import pickle
with open('sample_pickle.dat', 'rb') as f:
    n = pickle.load(f)                   # 读出文件的数据个数
    for i in range(n):
        x = pickle.load(f)
        print(x)
```

程序运行结果如下。

```
13000000
99.056
中国人民 123abc
[[1, 2, 3], [4, 5, 6], [7, 8, 9]]
(-5, 10, 8)
{4, 5, 6}
{'a': 'apple', 'b': 'banana', 'g': 'grape', 'o': 'orange'}
```

【例 4.61】 使用 struct 模块写入二进制文件示例。

```python
import struct
n=1300000000
x=96.45
b=True
s='a1@中国'
sn=struct.pack('if?', n, x, b)           # 序列化
f=open('sample_struct.dat', 'wb')
f.write(sn)                              # 写入字节串
f.write(s.encode())
f.close()
```

程序运行结果如下。

生成 sample_struct.dat 文件

【例 4.62】 使用 struct 模块读取二进制文件示例。

```python
import struct
f=open('sample_struct.dat', 'rb')
sn=f.read(9)
tu=struct.unpack('if?', sn)
print(tu)
n, x, bl = tu
print('n=', n)
print('x=', x)
print('bl=', bl)
s=f.read(9).decode()
f.close()
print('s=', s)
```

程序运行结果如下。

```
(1300000000, 96.44999694824219, True)
n= 1300000000
x= 96.44999694824219
bl= True
s= a1@中国
```

Python 标准库 shelve 也提供二进制文件操作的功能，可以像字典赋值一样来写入二进制文件，也可以像字典一样读取二进制文件。

【例 4.63】 使用 shelve 模块写入二进制文件示例。

```python
import shelve
zhangsan = {'age':38, 'sex':'Male', 'address':'SDIBT'}
lisi = {'age':40, 'sex':'Male', 'qq':'1234567', 'tel':'7654321'}
with shelve.open('shelve_test.dat') as fp:
    fp['zhangsan'] = zhangsan              # 以字典形式把数据写入文件
    fp['lisi'] = lisi
    for i in range(5):
        fp[str(i)] = str(i)
```

程序运行结果如下。

生成 shelve_test.dat.bak、shelve_test.dat.dat、shelve_test.dat.dir 三个文件

【例 4.64】 使用 shelve 模块读取二进制文件示例。

```python
import shelve
with shelve.open('shelve_test.dat') as fp:
    print(fp['zhangsan'])                  # 读取并显示文件内容
    print(fp['zhangsan']['age'])
    print(fp['lisi']['qq'])
    print(fp['3'])
```

程序运行结果如下。

```
{'age': 38, 'sex': 'Male', 'address': 'SDIBT'}
38
1234567
3
```

Python 标准库 marshal 也可以进行对象的序列化和反序列化。

【例 4.65】 使用 marshal 模块写入二进制文件示例。

```
import marshal                                    # 导入模块
x1 = 30                                           # 待序列化的对象
x2 = 5.0
x3 = [1, 2, 3]
x4 = (4, 5, 6)
x5 = {'a':1, 'b':2, 'c':3}
x6 = {7, 8, 9}
x = [eval('x'+str(i)) for i in range(1,7)]        # 把需要序列化的对象放到一个列表中
print(x)
with open('test.dat', 'wb') as fp:                # 创建二进制文件
    marshal.dump(len(x), fp)                      # 先写入对象个数
    for item in x:
        marshal.dump(item,fp)
```

程序运行结果如下。

```
[30, 5.0, [1, 2, 3], (4, 5, 6), {'a': 1, 'b': 2, 'c': 3}, {8, 9, 7}]
```

【例 4.66】 使用 marshal 模块读取二进制文件示例。

```
import marshal
with open('test.dat', 'rb') as fp:                # 打开二进制文件
    n = marshal.load(fp)                          # 获取对象个数
    for i in range(n):
        print(marshal.load(fp))                   # 反序列化，输出结果
```

程序运行结果如下。

```
30
5.0
[1, 2, 3]
(4, 5, 6)
{'a': 1, 'b': 2, 'c': 3}
{8, 9, 7}
```

4．文件级操作

如果需要处理文件路径，可以使用 os.path 模块中的对象和方法；如果需要使用命令行读取文件内容可以使用 fileinput 模块；创建临时文件和文件夹可以使用 tempfile 模块；另外，Python 3.4 之后版本的 pathlib 模块提供了大量用于表示和处理文件系统路径的类。

os 模块常用的文件操作函数如表 4.6 所示。

表 4.6　os 模块常用的文件操作函数

方法	功能说明
access(path,mode)	测试是否可以按照 mode 指定的权限访问文件
chdir(path)	把 path 设为当前工作目录
chmod(path,mode,*,dir_fd=None,follow_symlinks=True)	改变文件的访问权限
curdir	当前文件夹
environ	包含系统环境变量和值的字典

(续)

方法	功能说明
extsep	当前操作系统所使用的文件扩展名分隔符
get_exec_path()	返回可执行文件的搜索路径
getcwd()	返回当前工作目录
listdir(path)	返回 path 目录下的文件和目录列表
mkdir(path[,mode=0777])	创建目录，要求上级目录必须存在
makedirs(path1/path2…,mode=511)	创建多级目录，会根据需要自动创建中间缺失的目录
open(path,flags,mode=0o777,*,dir_fd=None)	按照 mode 指定的权限打开文件，默认权限为可读、可写、可执行
popen(cmd,mode='r',buffering=-1)	创建进程，启动外部程序
rmdir(path)	删除目录，目录中不能有文件或子文件夹
remove(path)	删除指定的文件，要求用户拥有删除文件的权限，并且文件没有只读或其他特殊属性
removedirs(path1/path2…)	删除多级目录，目录中不能有文件
rename(src,dst)	重命名文件或目录，可以实现文件的移动，若目标文件已存在则抛出异常，不能跨越磁盘或分区
replace(old,new)	重命名文件或目录，若目标文件已存在则直接覆盖，不能跨越磁盘或分区
scandir(path='.')	返回包含指定文件夹中所有 DirEntry 对象的迭代对象，遍历文件夹时比 listdir()更加高效
sep	当前操作系统所使用的路径分隔符
startfile(filepath[,operation])	使用关联的应用程序打开指定文件或启动指定应用程序
stat(path)	返回文件的所有属性
system()	启动外部程序
truncate(path,length)	将文件截断，只保留指定长度的内容
walk(top,topdown=True,onerror=None)	遍历目录树，该方法返回一个元组，包括 3 个元素：所有路径名、所有目录列表与文件列表
write(fd,data)	将 bytes 对象 data 写入文件 fd

os.path 模块常用的文件操作函数如表 4.7 所示。

表 4.7 os.path 模块常用的文件操作函数

方法	功能说明
abspath(path)	返回给定路径的绝对路径
basename(path)	返回指定路径的最后一个组成部分
commonpath(paths)	返回给定的多个路径的最长公共路径
commonprefix(paths)	返回给定的多个路径的最长公共前缀
dirname(p)	返回给定路径的文件夹部分
exists(path)	判断文件是否存在
getatime(filename)	返回文件的最后访问时间
getctime(filename)	返回文件的创建时间
getmtime(filename)	返回文件的最后修改时间
getsize(filename)	返回文件的大小

(续)

方法	功能说明
isabs(path)	判断 path 是否为绝对路径
isdir(path)	判断 path 是否为文件夹
isfile(path)	判断 path 是否为文件
join(path, *paths)	连接两个或多个 path
realpath(path)	返回给定路径的绝对路径
relpath(path)	返回给定路径的相对路径,不能跨越磁盘驱动器或分区
samefile(f1, f2)	测试 f1 和 f2 这两个路径是否引用的同一个文件
split(path)	以路径中的最后一个斜线为分隔符把路径分隔成两部分,以列表形式返回
splitext(path)	从路径中分隔文件的扩展名
splitdrive(path)	从路径中分隔驱动器的名称

4.2 Python 面向对象程序设计

面向对象程序设计(Object Oriented Programming,OOP)主要针对大型软件设计而提出,使得软件设计更加灵活,能够很好地支持代码复用和设计复用,并且使得代码具有更好的可读性和可扩展性。面向对象程序设计的一条基本原则是计算机程序由多个能够起到子程序作用的单元或对象组合而成,大大地降低了软件开发的难度,使得编程就像搭积木一样简单。面向对象程序设计的一个关键是将数据以及对数据的操作封装在一起,组成一个相互依存、不可分割的整体,即对象。对于相同类型的对象进行分类、抽象后,得出共同的特征而形成了类,面向对象程序设计的关键就是如何合理地定义和组织这些类以及类之间的关系。

Python 完全采用了面向对象程序设计的思想,是真正面向对象的高级动态编程语言,完全支持面向对象的基本功能,如封装、继承、多态以及对基类方法的覆盖或重写。Python 中对象的概念很广泛,一切内容都可以称为对象,除了数字、字符串、列表、元组、字典、集合、range 对象、zip 对象等,函数、类也是对象。

4.2.1 类

Python 使用 class 关键字来定义类,class 关键字之后是一个空格,然后是类的名字,再然后是一个冒号,最后换行并定义类的内部实现。类名的首字母一般要大写,当然也可以按照用户自己的习惯定义类名,但一般推荐参考惯例来命名,并在整个系统的设计和实现中保持风格一致,这一点对于团队合作尤其重要。

在面向对象的程序设计过程中有两个重要概念:类(class)和对象(object),其中类是某一批对象的抽象,对象才是一个具体的实体。它们的关系就像是设计图和设计物。Python 的类大致有两种功能,创建对象和派生子类。创建类时用变量形式表示的对象属性称为数据成员,用函数形式表示的对象行为称为成员方法,成员属性和成员方法统称为类的成员。

Python 定义类的语法如例 4.67 所示。

【例 4.67】 定义类的语法示例。

```
class demo:
    public = "3"                              # 共有属性——类变量
    _protected = "1"                          # 保护属性——类变量
    __private = "2"                           # 私有属性——类变量

    def __init__(self, name):                 # 构造方法——实例变量
        print(name)

a = demo("燕双嘤")
print(a.public, a._protected, a._demo__private)  # 属性调用
```

程序运行结果如下。

```
燕双嘤
3 1 2
```

Python 类所包含的最重要的两个成员就是变量和方法。

类变量属于类本身,用于定义该类本身所包含的状态数据。而实例变量则属于该类的对象,用于定义对象所包含的状态数据。Python 是一门动态语言,它的类所包含的类变量、实例变量可以动态增加或删除。

方法则用于定义该类的对象的行为或功能实现。区别函数和方法的关键是:看它的调用者是谁,如果是类,那么就需要传入一个参数 self 的值,这时它就是一个函数。如果是对象,那么就不需要给 self 传入参数值,这时它就是一个方法。

在类中定义的方法默认是实例方法,定义实例方法的方法与定义函数的方法基本相同,只是实例方法的第一个参数会被绑定到方法的调用者(该类的实例)——因此实例方法至少应该定义一个参数,该参数通常会被命名为 self。

类的所有实例方法都至少有一个名为 self 的参数,并且必须是方法的一个形参(如果有多个形参),self 参数表示对象本身。在类的实例方法中访问实例属性时需要以 self 为前缀,但在外部通过对象名方法时并不需要传递这个参数,如果在外部通过类名调用对象方法则需要显示为 self 参数传递该类的一个对象。

构造方法(__init__)是实例方法中一个特别的方法,用于构造该类的对象,Python 通过调用构造方法返回该类的对象(无须使用 new)。

构造方法是类创建对象的根本途径,Python 还为此提供了一个功能:如果开发者没有为该类定义任何构造方法,那么 Python 会自动为该类定义一个只包含一个 self 参数的默认的构造方法。

注意:通过__init__方法(可以直接调用)可以对对象的属性进行初始化,也可以调用其他的方法,该方法只能返回 None,不能返回其他类型。

【例 4.68】 构造方法示例。

```
class demo:
    def __init__(self, name):   # 构造方法——实例变量
        print(name)
a = demo("燕双嘤")
a.__init__("杜马")
demo.__init__(a,"xxbb")
```

程序运行结果如下。

```
燕双嘤
杜马
xxbb
```

与__init__()方法类似的还有__new__()方法，区别如下。

__new__()是在实例对象创建之前被调用的，用于创建实例，而__init__()是当实例对象创建完成后被调用的。也就是说__new__()在__init__()之前被调用，__new__()的返回值（实例）将传递给__init__()方法的第一个参数（self），然后__init__()给这个实例做一些初始化的工作。

__new__()不一定要有，只有继承自 object 的类才有，该方法可以 return 父类（通过 super(当前类名, clas).__new__()）出来的实例，或者直接是 object 的__new__()出来的实例。在定义子类时没有重新定义__new__()时，Python 默认调用该类父类的__new__()方法来构造该类实例，如果该类父类也没有重写__new__()，那么将一直追溯到 object 的__new__()方法，因为 object 是所有新式类的基类。如果子类重新写了__new__()方法，那么可以自由选择任意一个其他的新式类。

__init__()方法和__new__()方法的具体区别如下。

- 用法不同：__new__()在__init__()之前被调用，用于创建实例，是类级别的方法，是静态方法。如果__new__()创建的是当前类的实例，那么会自动调用__init__()函数，通过 return 调用__new__()的参数 cls 来保证是当前实例，如果是其他类的类名，那么创建返回的是其他类实例，就不会调用当前类的__init__()方法。__init__()用于初始化实例，所以该方法是在实例对象创建后被调用，它是对象级别的方法，用于设置对象属性的一些初始值。

- 传入参数不同：__new__()至少有一个参数 cls，代表当前类，此参数在实例化时由 Python 解释器自动识别；__init__()至少有一个参数 self，就是这个__new__()返回的实例，__init__()在__new__()基础上完成一些初始化的操作。

- 返回值不同：__new__()必须有返回值，返回实例对象；__init__()不需要返回值。只有在__new__返回一个新创建属于该类的实例时当前类的__init__才会被调用。

- 作用不同：__new__()方法主要用于继承一些不可变的 class，例如，int、str、tuple，提供一个自定义这些类的实例化过程的途径，一般通过重载__new__()方法来实现。__new__()和__init__()的最主要区别在于__new__()是用来创造一个类的实例的，而__init__()是用来初始化一个实例的。当类中同时出现__new__()和__init__()时，先调用__new__()，再调用__init__()。

【例 4.69】 __new__()和__init__()的调用顺序示例。

```python
class demo:
    def __init__(self):     # 构造方法——实例变量
        print("我是 init")
    def __new__(cls, *args, **kwargs):
        print("我是 new")
        return super(demo, cls).__new__(cls)
a = demo()
```

程序运行结果如下。

```
我是 new
我是 init
```

类属性：Python 把定义在类中的属性称为类属性，该类的所有的对象共享类属性，类属性具有继承性，可以为类动态地添加类属性，类属性需要声明在类的内部、方法的外部。

实例属性：Python 把对象在创建后添加的额外添加的属性称为实例属性，实例属性仅属于该对象，不具有继承性。实例属性在方法中声明，通过 self 声明的属性是实例对象所持有的属性，而实例对象是类创建的对象。

类变量即类的属性，是定义在类中且定义在函数体之外，通常不作为实例变量使用。Python 可以使用类来读取、修改类变量。Python 完全允许使用对象来访问该对象所属类的类变量。类变量在整个实例化的对象中是公用的，即相同类的不同实例共同持有相同变量。区别于实例变量，在类声明中，属性是用变量来表示的，这种变量就成为实例变量，是在类声明的内部但是在类的其他成员方法之外声明的。

【例 4.70】 类属性与实例属性示例。

```
class Address:
    detail = "长沙"
    def info(self):
        # print(detail)# 报错
print(Address.detail)
print(Address.detail)
add = Address()
add.info()
add.detail = "湖南"
add.info()
Address.detail = "湖南"
add.info()
```

程序运行结果如下。

```
长沙
长沙
长沙
湖南
```

类属性调用方式如下。
- 类名.类属性名。
- 对象地址.类属姓名。程序通过对象访问类变量，其本质还是通过类名在访问类变量。

【例 4.71】 实例属性示例 1。

```
class test:
    item="鼠标"
    date = "2022-09-30"
    def info(self):
        print(self.item)
        print(self.date)
t = test()
```

```
print(t.item)
print(t.date)
t.info()
```

程序运行结果如下。

```
鼠标
2022-09-30
鼠标
2022-09-30
```

类属性需要注意以下几点。
- 当对象属性和类属性同名的时候,通过对象调用,优先调用对象属性。
- 类名只能调用类属性,对象名可以调用对象属性,也可以调用类属性。
- 只能通过类名去修改类属性的值,如果通过对象名去修改类属性的话,其实没有修改类属性,而是给当前对象动态地添加(或覆盖原属性)了一个属性(对象属性)。

【例 4.72】 修改实例属性示例。

```
class demo:
    name=1
    def __init__(self, p1, p2):    # 构造方法——实例变量
self.attr1 = p1
self.attr2 = p2
a = demo(1,2)
b = demo(1,2)
a.name=2
print(a.name)
print(b.name)
```

程序运行结果如下。

```
2
1
```

【例 4.73】 实例属性示例 2。

```
class Address:
    def info(self):
        detail = "长沙"
        print(detail)
add = Address()
add.info()
```

程序运行结果如下。

```
长沙
```

4.2.2 类方法、实例方法、静态方法

Python 完全支持定义类方法,实例方法,甚至支持定义静态方法。
- 类方法:被@classmethod 修饰的方法叫作类方法,也叫作类函数。类方法可以通过类名调

用，也可以通过对象名调用，推荐使用类调用，只能访问类属性。类方法必须有一个参数，一般写为 cls，自动绑定到该类上，cls 代表当前类。
- 静态方法：被@staticmethod 修饰的方法叫作静态方法，也叫作静态函数。静态方法可以通过类名调用，也可以通过对象名调用，推荐使用类调用，不能直接访问任何属性与方法。
- 实例方法：类里面定义的普通方法被称为实例方法，也可称为对象方法、成员方法。实例方法通过对象名调用。实例方法必须有一个参数，一般这个参数被命名为 self。

【例 4.74】 类方法、静态方法示例。

```
class Bird:
    @classmethod
    def fly(cls):
        print(cls)
    @staticmethod
    def info(p):
        print(p)
Bird.fly()
Bird.info("燕双嘤")
```

程序运行结果如下。

```
<class '__main__.Bird'>
燕双嘤
```

使用@classmethod 修饰的方法是类方法，该类方法定义了一个 cls 参数，该参数会被自动绑定到 Bird 类本身，不管程序是使用类还是对象调用该方法，Python 最终都将类方法的第一个参数绑定到类本身。

使用@staticmethod 定义的静态方法，程序同样既可以使用类调用静态方法，也可使用对象调用静态方法，但是 Python 不会为静态方法执行自动绑定。

对于在类体中定义的方法，Python 会自动绑定方法的第一个参数（通常建议将该参数命名为 self），第一个参数总是指向调用该方法的对象。根据第一个参数出现的位置的不同，第一个参数所绑定的对象略有区别。
- 在构造方法中引用该构造方法正在初始化的对象。
- 在普通实例方法中引用调用该方法的对象。

由于实例方法（包括构造方法）的第一个 self 参数会自动绑定，因此，程序在调用普通实例方法时不需要为第一个参数传值。

self 参数（自动绑定的第一个参数）最大的作用就是引用当前方法的调用者。也可以在一个实例方法中访问该类的另一个实例方法或变量（self 不可省略）。

方法的第一个参数所代表的对象是不确定的，但它的类型是确定的——它所代表的只能是当前类的实例；只有当这个方法被调用时，它所代表的对象才被确定下来——谁在调用这个方法，方法的第一个参数就代表谁。

【例 4.75】 实例方法示例。

```
class demo:
```

```
    def __init__(self,v):
self.value = v
    def add(self):
self.value+=1
        return self.value
a = demo(4)
print(a.add())
```

程序运行结果如下。

```
5
```

类调用实例方法：Python 的类可以调用实例方法，但使用类调用实例方法时，Python 不会自动为方法第一个参数 self 绑定参数值；程序必须显示地为第一个参数 self 传入方法调用者。这种调用方法被称为"未绑定方法"。

在 Python 的类体中定义的方法默认都是实例方法，当程序在类体中定义方法时与定义变量、定义函数并没有太大的区别。

【例 4.76】 类调用实例方法示例。

```
    def foo():
        print("我是全局方法 foo")
bar = 20
class Bird:
    def foo():
        print("我是局部方法 foo")
    bar = 200
foo()
print(bar)
Bird.foo()
print(bar)
```

程序运行结果如下。

```
我是全局方法 foo
20
我是局部方法 foo
20
```

def foo()局部方法会报错，但是不影响程序运行。是因为 foo()缺少传入的 self 参数，导致程序出错。这说明在使用类调用实例方法时，Python 不会自动为第一个参数绑定调用者，因此实例方法的调用者是类本身，而不是对象。

如果程序依然系统实用类来调用实例方法，则必须手动为方法的第一个参数传入参数值，但最后效果完全等同于 b.foo()。

【例 4.77】 手动为方法传第一个参数示例。

```
class Bird:
    def foo(self):
        print("我是局部方法 foo")
b = Bird()
Bird.foo(b)
```

程序运行结果如下。

> 我是局部方法 foo

Python 类有大量的特殊方法，其中比较常见的是构造函数和析构函数，除此之外，Python 还支持大量的特殊方法，运算符重载就是通过重写特殊方法实现的。表 4.8 罗列了类中的一些特殊方法。

表 4.8 类中的一些特殊方法

方法	功能说明
__new__()	类的静态方法，用于确定是否要创建对象
__init__()	构造方法，创建对象时自动调用
__del__()	析构方法，释放对象时自动调用
__add__()	+
__sub__()	-
__mul__()	*
__truediv__()	/
__floordiv__()	//
__mod__()	%
__pow__()	**
__eq__()、__ne__()、__lt__()、__le__()、__gt__()、__ge__()	==、!=、<、<=、>、>=
__lshift__()、__rshift__()	<<、>>
__and__()、__or__()、__invert__()、__xor__()	&、|、~、^
__iadd__()、__isub__()	+=、-=，很多其他运算符也有与之对应的复合赋值运算符
__pos__()	一元运算符+，正号
__neg__()	一元运算符-，负号
__contains__()	与成员测试运算符 in 对应
__radd__()、__rsub__()	反射加法、反射减法，一般与普通加法和减法具有相同的功能，但操作数的位置或顺序相反，很多其他运算符也有与之对应的反射运算符
__abs__()	与内置函数 abs()对应
__bool__()	与内置函数 bool()对应，要求该方法必须返回 True 或 False
__bytes__()	与内置函数 bytes()对应
__complex__()	与内置函数 complex()对应，要求该方法必须返回复数
__dir__()	与内置函数 dir()对应
__divmod__()	与内置函数 divmod()对应
__float__()	与内置函数 float()对应，要求该方法必须返回实数
__hash__()	与内置函数 hash()对应
__int__()	与内置函数 int()对应，要求该方法必须返回整数
__len__()	与内置函数 len()对应
__next__()	与内置函数 next()对应
__reduce__()	提供对 reduce()函数的支持

(续)

方法	功能说明
__reversed__()	与内置函数 reversed() 对应
__round__()	对内置函数 round() 对应
__str__()	与内置函数 str() 对应,要求该方法必须返回 str 类型的数据
__repr__()	打印、转换,要求该方法必须返回 str 类型的数据
__getitem__()	按照索引获取值
__setitem__()	按照索引赋值
__delattr__()	删除对象的指定属性
__getattr__()	获取对象指定属性的值,对应成员访问运算符 "."
__getattribute__()	获取对象指定属性的值,如果同时定义了该方法与 __getattr__(),那么 __getattr__() 将不会被调用,除非在 __getattribute__() 中显式调用 __getattr__() 或者抛出 AttributeError 异常
__setattr__()	设置对象指定属性的值
__base__()	该类的基类
__class__()	返回对象所属的类
__dict__()	对象所包含的属性与值的字典
__subclasses__()	返回该类的所有子类
__call__()	包含该特殊方法的类的实例可以像函数一样调用
__get__()	定义了这三个特殊方法中任何一个的类称作描述符(descriptor),描述符对象一般作为其他类的属性来使用,这三个方法分别在获取属性、修改属性值或删除属性时被调用
__set__()	
__delete__()	

4.2.3 对象

创建对象的根本途径是构造方法,调用某个类的构造方法即可创建这个类的对象,Python 无须使用 new 调用构造方法。

Python 的对象大致有以下两种作用:
- 操作对象的实例变量(包括访问实例变量的值、添加实例变、删除实例变量)。
- 操作对象的方法(包括调用方法,添加方法,删除方法)。

对象访问方法或变量的语法:对象.变量|方法(参数)。对象是主调者,用于访问该对象的变量或方法。

定义一个类就是为了重复创建该类的对象,同一个类的多个对象具有相同的特征,而类则定义了多个对象的共同特征。

由于 Python 是动态语句,因此程序完全可以为 p 对象动态增加实例变量——只要为它的新变量赋值即可;也可以动态删除实例变量——使用 del 语句即可删除。

【例 4.78】 del 语句示例。

```
class demo:
    name = ""
    def __init__(self, name):  # 构造方法,实例变量
```

```
        self.name = name
        print(name)
a = demo("燕双嘤")
a.age = 23
del a.name
print(a.age, a.name)
```

程序运行结果如下。

```
燕双嘤
23
```

Python 是动态语言，同样允许为对象动态增加方法。但是若使用此方法，Python 不会自动将调用者自动绑定到第一个参数（即使将第一个参数命名为 self 也没用）。

如果希望动态增加的方法也能自动绑定到第一个参数，可借助 types 模块下的 MethodType 进行包装。

【例 4.79】 动态增加方法示例。

```
class demo:
    name = ""
    def __init__(self, name):        # 构造方法，实例变量
        self.name = name
        print(name)
    def test(self):
        print("我是新函数",self)
a = demo("燕双嘤")
a.test = test
# Python 不会自动将方法调用者绑定到它们的第一个参数，因此程序必须手动为第一个参数传
  入参数值。
a.test(a)
a = demo("燕双嘤")
from types import MethodType
a.test = MethodType(test,a)
a.test()                              # 无须传入 a 对象
```

程序运行结果如下。

```
燕双嘤
我是新函数 <__main__.demo object at 0x000002AA5CED11C8>
燕双嘤
我是新函数 <__main__.demo object at 0x000002AA5D0AEB08>
```

4.2.4 封装、继承、多态

面向对象是相对于面向过程而言的，面向对象是一种编程思想，是以类的眼光来看待事物的一种方式。面向过程语言是一种基于功能分析的、以算法为中心的程序设计方法，而面向对象是一种基于结构分析的、以数据为中心的程序设计思想。面向对象有封装、继承和多态三大特性。

- 封装：将共同的属性和方法封装到同一个类中。第一层面：分别创建类和对象二者的名字空间，只能用类名.或 obj.的方式去访问其属性和方法，这本身就是一种封装；第二层面：类中把某些属性和方法隐藏起来（或者说定义成私有的），只在类的内部使用、外部无法

访问，或者留下少量接口（方法）供外部访问。
- 继承：将多个类的共同属性和方法封装到一个父类中，然后通过继承这个类来重用父类的方法和属性。
- 多态：多态指的是基类的同一个方法在不同的派生类中可以有着不同的实现。Python 天生是支持多态的。
- 访问控制：默认情况下，Python 类的成员属性和方法的访问权限是公共的，类所属模块以及导入了类所属模块的其他模块中的代码都可以访问到该类的成员（即 C++/Java 语言中的 public），但有时类也需要私有成员，不允许其他类或其他模块中的代码使用。在 Python 中，可以通过访问控制符来限定成员的访问。Python 中的访问控制符主要是双下画线"__"，用来限定属性和方法在内部类可用。

【例 4.80】 封装示例。

```
class X:
    def __init__(self,a,b,c):
        self.a=a       # public
        self._b=b      # protect
        self.__c=c     # private
x= X(1,2,3)
print(x.a)
print(x._b)
print(x.__c)
```

程序运行结果如下。

```
1
2
```

实际上 Python 中没有访问权限概念，可以访问到__c，是因为被改名成_X__c：

【例 4.81】 访问私有变量示例。

```
class X:
    def __init__(self,a,b,c):
        self.a=a       # public
        self._b=b      # protect
        self.__c=c     # private
x= X(1,2,3)
print(x.a)
print(x._b)
print(dir(x))
print(x._X__c)
```

程序运行结果如下。

```
1
2
['_X__c', '__class__', '__delattr__', '__dict__', '__dir__', '__doc__', '__eq__', '__format__', '__ge__', '__getattribute__', '__gt__', '__hash__', '__init__', '__init_subclass__', '__le__', '__lt__', '__module__', '__ne__', '__new__', '__reduce__', '__reduce_ex__', '__repr__', '__setattr__', '__sizeof__',
```

```
'__str__', '__subclasshook__', '__weakref__', '_b', 'a']
        3
```

如果需要控制这个属性,可以自定义 set()方法和 get()方法,来获取或者修改这个变量的值,也可以通过官方提供的修饰器@property 和@方法名.setter 两个方法来实现。

【例 4.82】 控制属性方式示例。

```
class demo:
    name=1
    def __init__(self, p1, p2):   # 构造方法——实例变量
self.attr1 = p1
self.attr2 = p2
    @property
    def method1(self):
        return self.attr1+self.attr2
a = demo(1,2)
# print(a.method1()) 报错,已变成属性
print(a.method1)
a.method1=5
```

程序运行结果如下。

```
3
Traceback (most recent call last):
File "C:/Users/zb/PycharmProjects/untitled/20221016/7.16.py", line 12, in <module>
a.method1=5
AttributeError: can't set attribute
```

如果想实现修改,可以使用 set()和 get()方法。

```
prop = property(get_prop)
prop = property(get_prop, set_prop)
prop = property(get_prop, set_prop, del_prop)
```

【例 4.83】 set()和 get()方法示例。

```
class demo:
    name = 1
    def __init__(self):   # 构造方法——实例变量
self.__prop = 0
    def get_prop(self):
        return self.__prop
    def set_prop(self, p):
        if isinstance(p, int):
self.__prop = p
    prop = property(get_prop, set_prop)
a = demo()
print(a.prop)
a.prop=4
print(a.prop)
```

程序运行结果如下。

```
0
4
```

继承是一个派生类继承基类的属性和方法。继承允许把一个派生类的对象作为一个基类对象对待。当一个类继承自另一个类，它就被称为一个子类（派生类），它会继承（获取）所有父类成员（属性和方法）。继承可以重用代码，增加了可维护性。

子类可以直接继承父类的方法，但是继承后，如果发现这个方法不太适合子类，那么就需要重写，也就说可以将这个方法重新实现：

完全重写就是将父类的方法推翻，然后自己重写一个和父类方法名字一模一样的方法，重写的时候，方法的参数可以随便添加和删除。子类再去调用该方法的时候，调用的是重写之后的方法。

增加功能就是子类需要在父类方法的基础上增加一定功能，那么，在重写的过程中，首先需要使用 super 关键字调用父类的方法，然后再增加功能。

【例 4.84】 继承示例。

```
class Bird:
    def fly(self):
        print("我在飞翔")
class Ostrich(Bird):
    def fly(self):
        print("我在地上跑")
os = Ostrich()
os.fly()
```

程序运行结果如下。

我在地上跑

继承有以下几个特点。
- 如果子类继承了父类，那么子类就拥有了父类的所有属性和方法，但子类不能直接访问父类的私有变量和私有方法以及构造方法（__init__）。
- 如果定义一个类，没有继承父类，那么这个类默认承认官方的一个基类 object。
- 通过 super()可以调用父类的方法。
- 对于单继承，一个子类只有一个父类。
- 对于多继承，一个子类可以有多个父类。如果多个父类中有同一个方法，而在子类使用时未指定，那么 Python 从左至右搜索即方法在子类中未找到时，从左至右查找父类中是否包含方法，还可以通过如下属性查看其内部的查找顺序：类名.__mro__。

Python 支持如下几种继承方式。
- 单继承：一个类继承自单个基类。
- 多继承：一个类继承自多个基类。
- 多级继承：一个继承自单个基类，后者则继承自另一个基类。
- 分层继承：多个类继承自单个基类。
- 混合继承：两种或多种类型继承的混合。

【例 4.85】 单继承示例。

```
class people:
```

```
        name = ""
        age = 0
        __wight = 0
        def __init__(self, n, a, w):
            self.name = n
self.age = a
self.__wight = w
        def say(self):
            print("%s 说: 我 %d 岁。" % (self.name, self.age))
class student(people):
        grade = ""
        def __init__(self, n, a, w, g):
people.__init__(self, n, a, w)
self.grade = g
        def say(self):
            print("%s 说: 我 %d 岁了, 我在读%s 年级" % (self.name, self.age, self.grade))
s = student("燕双嘤", 22, 180, "研二")
s.say()
```

程序运行结果如下。

燕双嘤说: 我 22 岁了, 我在读研二年级

【例 4.86】 多继承示例。

```
class people:
        name = ""
        age = 0
        __wight = 0
        def __init__(self, n, a, w):
            self.name = n
self.age = a
self.__wight = w
        def say(self):
            print("%s 说: 我 %d 岁。" % (self.name, self.age))
class student(people):
        grade = ""
        def __init__(self, n, a, w, g):
people.__init__(self, n, a, w)
            # 效果同 super().__init__(n, a, w)
self.grade = g
        def say(self):
            print("%s 说: 我 %d 岁了, 我在读%s 年级" % (self.name, self.age, self.grade))
class speaker():
        topic = ""
        name = ""
        def __init__(self, n, t):
            self.name = n
self.topic = t
        def say(self):
            print("我叫 %s, 我是一个演说家, 我演讲的主题是 %s" % (self.name, self.topic))
class sample(speaker, student):
        a = ""
        def __init__(self, n, a, w, g, t):
```

```
student.__init__(self, n, a, w, g)
speaker.__init__(self, n, t)
s = sample("燕双嘤", 22, 180, "研二", "Python")
s.say()
```

程序运行结果如下。

```
我叫燕双嘤，我是一个演说家，我演讲的主题是 Python
```

Python 中的多态和 Java 等面向对象语言的多态不同。在 Python 中，调用不同对象（不管这些对象是否继承了相同的父类）的同一名称的方法时得到不同的结果，这就是多态。

动态语言的"鸭子类型"：它并不要求严格的继承体系，一个对象只要"看起来像鸭子，走起来像鸭子"，那它就可以被看作是鸭子。Python 的"file-like object"就是一种鸭子类型。例如，一个对象有一个 read()方法，但是，其他许多对象，不管有没有继承关系，只要有 read()方法，都被视为"file-like object"。

【例 4.87】 多态示例。

```
class Bird:
    def move(self, field):
        print("鸟在%s 中自由飞翔" % field)
class Dog:
    def move(self, field):
        print("狗在%s 上自由奔跑" % field)
a = Bird()
a.move("天空")
a = Dog()
a.move("沙漠")
```

程序运行结果如下。

```
鸟在天空中自由飞翔
狗在沙漠上自由奔跑
```

4.2.5 面向对象案例精析

【例 4.88】 继承与属性对象示例。

本例中一共有 7 个类，分别是 Meal、Bread、Cheese、Lettuce、Lunch、PortableLunch、Sandwich。继承结构是 Meal 的子类为 Lunch，Lunch 的子类为 PortableLunch，PortableLunch 的子类为 Sandwich，同时 Sandwich 有三个属性对象分别为 Bread、Cheese、Lettuce 的对象，本案例最终构造的是 Sandwich 的对象，在构造该对象时，先按照顺序构造私有变量，然后按照继承顺序调用祖先类的构造函数。

```
class Meal(object):
    def __init__(self):
print("Meal is constructed!")
class Bread(object):
    def __init__(self):
print("Bread is constructed!")
class Cheese(object):
```

```
        def __init__(self):
    print("Cheese is constructed!")
class Lettuce(object):
        def __init__(self):
    print("Lettuce is constructed!")
class Lunch(Meal):
        def __init__(self):
            super().__init__()
    print("Lunch is constructed!")
        pass
class PortableLunch(Lunch):
        def __init__(self):
            super().__init__()
    print("PortableLunch is constructed!")
class Sandwich(PortableLunch):
        __Lettuce = Lettuce()
        __Bread = Bread()
        __Cheese = Cheese()
        def __init__(self):
            super().__init__();
    print("Sandwich is constructed!")
def main():
    Sandwich()
main()
```

程序运行结果如下。

```
Lettuce is constructed!
Bread is constructed!
Cheese is constructed!
Meal is constructed!
Lunch is constructed!
PortableLunch is constructed!
Sandwich is constructed!
```

【例4.89】子类覆盖父类的方法示例。

在继承中，父类有属性和方法，子类中如果有同名的属性和方法，则子类中的属性和方法覆盖父类中对应的属性和方法。案例代码如下。

```
class BaseClass(object):
    book = 6
    def base(self):
        print("父类的普通方法")
    def test(self):
        print("父类被覆盖的方法")
class SubClass(BaseClass):
    book = "Python 基础"
    def test(self):
        print("子类覆盖父类的方法")
    def sub(self):
        print("子类的普通方法")
def main():
    bc= BaseClass()
```

```
        print(bc.book)
bc.base()
bc.test()
sc=SubClass()
        print(sc.book)
sc.base()
sc.test()
sc.sub()
main()
```

程序运行结果如下。

```
6
父类的普通方法
父类被覆盖的方法
Python 基础
父类的普通方法
子类覆盖父类的方法
子类的普通方法
```

【例 4.90】 类方法与静态方法示例。

在面向对象中，类方法对应的是实例方法，类方法是类的，而实例方法是对象的。举例来说，一个类定义一个类方法，用以计数该类产生了几个对象，那这个方法不属于哪个对象，而应该属于类。类方法应该是静态的，因为动态的会随着对象的消失而消失。在 Python 中，使用注解的形式定义静态方法。在标准的面向对象中，类方法、静态方法应该用类变量来调用，不能由对象来调用，但是在 Python 中，可以任意使用，这点请特别注意。

```
class HelloA(object):
    @staticmethod
    def StaticA():
        print("StaticA")
    def __init__(self):
        print("HelloA")
class HelloB(HelloA):
    def __init__(self):
        super().__init__()
        print("HelloB")
    @staticmethod
    def StaticB():
        print("StaticB")
def main():
    b = HelloB()
b.StaticA()
b.StaticB()
HelloA.StaticA()
HelloB.StaticA()
HelloB.StaticB()
main()
```

程序运行结果如下。

```
HelloA
HelloB
```

```
StaticA
StaticB
StaticA
StaticA
StaticB
```

【例 4.91】 继承示例。

本案例演示了在继承时,同名属性、方法的覆盖。

```python
class Fu(object):
    num = 8
    def Method1(self):
        print("Fu-方法-1")
    @staticmethod
    def Method2():
        print("Fu-方法-2")
class Zi(Fu):
    num = 6
    def Method1(self):
        print("Zi-方法-1")
    @staticmethod
    def Method2():
        print("Zi-方法-2")
def main():
    f=Fu()
    f.Method1()
    f.Method2()
    print(f.num)
    f=Zi()
    f.Method1()
    f.Method2()
    print(f.num)
main()
```

程序运行结果如下。

```
Fu-方法-1
Fu-方法-2
8
Zi-方法-1
Zi-方法-2
6
```

【例 4.92】 多态示例。

多态的典型应用就是共同父类的不同子类,同样的方法有不同的实现,以下案例使用动物的鸣叫方法,演示了不同动物会发出不同的鸣叫。

```python
class Animal:
    def __init__(self, name):
        self.name = name
    def talk(self):
        raise NotImplementedError("Subclass must implement abstract method")
class Cat(Animal):
```

```
        def talk(self):
            return 'Meow!'
    class Dog(Animal):
        def talk(self):
            return 'Woof! Woof!'
    animals = [Cat('Missy'),Cat('Mr. Mistoffelees'),Dog('Lassie')]
    for animal in animals:
    print(animal.name + ': ' + animal.talk())
```

程序运行结果如下。

```
Missy: Meow!
Mr. Mistoffelees: Meow!
Lassie: Woof! Woof!
```

本章练习

一、选择题

1. 在 Python 中，不同的数据需要定义不同的数据类型，可用方括号"[]"来定义的是（　　）。

　　A．列表　　　　　B．元组　　　　　C．集合　　　　　D．字典

2. 以下 Python 程序段执行后，输出结果为（　　）。

```
m=29
if m %3! = 0:
print（m, "不能被3整除"）
else:
print（m, "能被3整除"）
```

　　A．29 不能被 3 整除　　　　　　　B．m 不能被 3 整除
　　C．29 能被 3 整除　　　　　　　　D．m 能被 3 整除

3. Python 语句"ab"+"c"*2 的运行结果是（　　）。

　　A．abc2　　　　　B．abcabc　　　　C．abcc　　　　　D．ababcc

4. 下列 Python 程序段运行的结果是（　　）。

```
f=['A','B','C']
a=len(f)
print('a=',a)
```

　　A．a=2　　　　　B．a='A'　　　　　C．a='C'　　　　　D．a=3

二、编程题

1. 定义一个水果类，然后通过水果类，创建苹果对象、橘子对象、西瓜对象并分别添加上颜色属性。

2. 定义一个汽车类，并在类中定义一个 move 方法，然后分别创建 BMW_X9、AUDI_A9 对象，并添加颜色、马力、型号等属性，然后分别打印出属性值、调用 move 方法（使用__init__ 方法完成属性赋值）。

第 5 章　用 NumPy 生成和处理数据

NumPy 是 Python 中进行科学计算所必备的基础库。包括 Pandas 和 Scikit-learn 在内，很多第三方库都是基于 NumPy 实现的。此外，还有一些模仿其函数接口的库。因此无论是进行哪个领域的开发工作，掌握 NumPy 的运用方法都非常必要。

本章主要介绍 NumPy 的安装及使用，尤其是数据生成与处理的相关操作，最后以一个数据分类的案例作为结尾。

5.1　NumPy 的安装

NumPy 是 Numerical Python 的简称，是 Python 中专门用于数值计算的软件库，其特点是可以实现高性能的数值计算。NumPy 中最常用的类是用于操作多维数组的 ndarray 类。NumPy 数组在其官方文档中大多简称为数组。

通过导入 NumPy，可以在 Python 中实现高性能的数据运算处理。对于这个特殊的 NumPy 类型 ndarray，在刚开始接触时难免会不理解其中的概念。开始，可以将 ndarray 类理解为统一类型的数据的容器就可以了。

使用 pip 命令就可以实现对 NumPy 的安装操作。命令如下。

```
pip install numpy
```

也可以指定安装版本，以安装 1.14.3 为例，命令如下。

```
pip install numpy==1.14.3
```

使用 Anaconda 会比较方便 Python 的环境管理，可以在计算机中先安装配置好 Anaconda，然后使用 conda 相关命令进行虚拟环境的创建和管理。

5.2　NumPy 入门

5.2.1　数值计算

需要先导入 NumPy 库才能使用 NumPy。一般将 NumPy 导入为 np 模块，导入语句如下。

```
import numpy as np
```

以下案例为创建 NumPy 数组并进行简单运算。

【例 5.1】 创建 NumPy 数组并进行简单运算示例。

```
import numpy as np
a = np.array([1, 2, 3])                    # 创建数组
```

```
print(a)
a = a * 3                              # 数组乘法
print(a)
a = a + 2                              # 数组加法
print(a)
a = np.array([1, 2, 3])
b = np.array([2, 2, 1])
print(a + b)                           # 两个数组的加、减、乘、除
print(a - b)
print(a * b)
print(a / b)
print(np.dot(a, b))                    # 两个数组点乘
print(np.arange(10))
print(np.arange(0, 10, 2))             # (起点，终点，间隔)
print(np.linspace(0, 10, 15))          # 0~10 划分为 15 等份
c = np.array([[1, 2, 3], [4, 5, 6]])   # 创建二维数组
print(c)
print(c.shape)                         # 数组的形状（维度）
print(c.T)                             # 数组转置
print(np.sum(c))                       # 所有元素求和
print(np.sum(c, axis=1))               # 纵向求和
c.reshape(3, 2)                        # 没有改变形状
print(c)
c.reshape(6, 1)                        # 没有改变形状
print(c)
d = np.array([[[1, 2, 3], [4, 5, 6], [7, 8, 9], [10, 11, 12]],
[[13,14,15],[16,17,18],[19,20,21],[22,23,24]]])
print(d)
print(d.shape)
print(np.random.randn(2, 3))
d = np.array([0, 5, 2, 7, 1, 9])       # 创建三维数组
print(d[1:5])
print(d[0:5:2])
print(d[::-1])
```

程序运行结果如下。

```
[1 2 3]
[3 6 9]
[ 5  8 11]
[3 4 4]
[-1  0  2]
[2 4 3]
[0.5 1.  3. ]
9
[0 1 2 3 4 5 6 7 8 9]
[0 2 4 6 8]
[ 0.         0.71428571  1.42857143  2.14285714  2.85714286  3.57142857
  4.28571429  5.         5.71428571  6.42857143  7.14285714  7.85714286
  8.57142857  9.28571429 10.        ]
[[1 2 3]
 [4 5 6]]
(2, 3)
[[1 4]
```

```
  [2 5]
  [3 6]]
21
[ 6 15]
[[1 2 3]
 [4 5 6]]
[[1 2 3]
 [4 5 6]]
[[[ 1  2  3]
  [ 4  5  6]
  [ 7  8  9]
  [10 11 12]]
 [[13 14 15]
  [16 17 18]
  [19 20 21]
  [22 23 24]]]
(2, 4, 3)
[[-0.29081211  2.7874966  -0.47701926]
 [-0.32235638 -1.33895753  0.11960994]]
[5 2 7 1]
[0 2 1]
[9 1 7 2 5 0]
```

5.2.2 是否使用 NumPy 的运行时间对比

我们知道使用 NumPy 可以进行高性能计算,但运算速度究竟能达到多快呢?接下来,通过与普通 Python 代码的执行速度进行对比来弄清楚这个问题。

【例 5.2】 运行时间对比示例。

```
import numpy as np
import time                              # 导入用于处理时间的模块
def calculate_time():
    a = np.random.randn(100000)
    b = list(a)                          # 转换为列表
    start_time = time.time()             # 设置开始时间
    for _ in range(1000):
        sum_1 = np.sum(a)
    print("Using NumPy\t %f sec" % (time.time()-start_time))
    start_time = time.time()             # 再次设置开始时间
    for _ in range(1000):
        sum_2 = sum(b)
    print("Not using NumPy\t %f sec" % (time.time()-start_time))
calculate_time()
```

程序运行结果如下。

由于运行结果很多,这里只挑了三组展示。

```
Using NumPy         0.000000 sec
Not using NumPy     4.103628 sec
------------------------------------------------------------
Using NumPy         4.103214 sec
```

```
Not using NumPy      4.179822 sec
------------------------------------------------------------
Using NumPy          4.191435 sec
Not using NumPy      4.440229 sec
Process finished with exit code 0
```

从以上结果可以看出，二者在时间上有差别，使用 NumPy 会相对快一些。

5.2.3 数组和矩阵计算

ndarray 是用于对包含相同属性相同大小元素的多维数组进行处理的一个 Python 类。实际上，ndarray 就是 N-dimensional array 的缩写，即 N 维数组的简称。这里所说的"相同属性相同大小元素"是很关键的一点。这表明保存在 ndarray 中的元素必须是相同的类型、尺寸大小相同的数据。ndarray 不像 Python 的列表那样具有允许同时保存不同类型数据的灵活性，而且数组的大小也是不可变的。ndarray 类的特点可以总结为如下三点。

- 只能存储具有相同数据类型的元素。
- 每个维度中的元素数量必须是固定的。
- 基于 C 语言实现，并经过了大量优化的矩阵运算，可以实现高性能的数据处理。

下面的示例对 ndarray 所包含的属性进行介绍。使用"实例变量.属性形式"的语句可以获取 ndarray 实例中所包含的属性的值。如表 5.1 所示。

表 5.1 ndarray 属性表

属性	说明
T	返回经过转置的矩阵。当 ndim<2 时返回原有数组
data	用于表示数组中的数据从哪里开始的 Python 缓冲区对象
dtype	ndarray 中元素的类型
flags	关于 ndarray 中的数据在内存中的保存方式（内存布局）的信息
flat	将 ndarray 转换为一维数组的迭代器
imag	ndarray 中的虚数部分（imag part）
real	ndarray 中的实数部分（real part）
size	ndarray 中所包含元素的数量
itemsize	保存在内存中的每个元素所需的以字节为单位的内存容量
nbytes	该 ndarray 中所有元素所占内存空间的总字节数
ndim	ndarray 中所包含的维数
shape	使用元组表示的 ndarray 的形状
strides	使用元组表示的在各个维度方向上要移动到下一个接邻的元素时所需移动的字节数
ctypes	用于操作 ctypes 模块的迭代器
base	ndarray 的基类对象（用于表示引用的是哪里的内存数据）

通过属性访问对象的信息并不会导致数组的内容发生变化。例如：使用 .T 属性显示转置矩阵并不会导致原有数据发生变化。

【例 5.3】 多维数据结构 ndarray 的基础应用示例。

本例是针对表 5.1 中每种属性的使用给出的实例，读者可以对照输出结果了解对应每种操作产生的结果。

```python
import numpy as np                          # 导入 NumPy 模块
a = np.array([1, 2, 3])                     # 生成 ndarray 实例
print(type(a))                              # 确认对象的类
b = np.array([[1, 2, 3], [4, 5, 6]])        # 创建 2-dimensional array(二维数组)
print(a)
print(b)
print(b.T)                                  # 进行转置
print(a.T)                                  # 因为 a.ndim<2，所以没有变化
print(a.data)                               # 显示内存中的地址
print(a.dtype)                              # 显示数据的类型
print(a.flags)
print(b.flags)                              # 可以获取各种信息
print(a.flat[1])                            # 显示将 a 转换为一维数组后其中的第一个元素
print(b.flat[4])                            # 显示将 b 转换为一维数组后其中的第四个元素
c = np.array([1.-2.6j, 2.1+3.j, 4.-3.2j])   # 创建以复数为元素的 ndarray 实例
print(c.real)                               # 显示实数部分
print(c.imag)                               # 显示虚数部分
print(a.size)                               # 元素的数量
print(b.size)
print(a.itemsize)                           # 按字节序显示每个元素的字长
print(b.itemsize)                           # 在某些环境中可能是 4
print(c.size, c.itemsize)
print(a.nbytes)                             # 按字节序显示数组的长度，在某些环境中可能是 12
print(b.nbytes)                             # 在某些环境中可能是 24
print(c.nbytes)
print(a.size * a.itemsize == a.nbytes)      # 这个等式成立
print(a.ndim)                               # 显示维数
print(b.ndim)
print(a.shape)                              # 显示形状
print(b.shape)                              # 显示形状
d = np.array([[[2,3,2],[2,2,2]],[[4,3,2],[5,7,1]]])  # 生成三维数组
print(d.shape, d.ndim)                      # 显示形状和维数
print(a.strides)                            # 在各个维度方向上(axis=ndim,axis=ndim-1,…
# axis=1,axis=0)移动到下一个元素所需移动的字节数。在某些环境下可能为(4,)
print(b.strides)                            # .ndim=2，在某些环境下可能为(12, 4)
print(c.strides)                            # .ndim=3
print(d.strides)                            # .ndim=3 在某些环境下可能为(24,12,4)
print(a.ctypes.data)                        # 使用 ctypes 模块的操作
print(a.base)                               # a 的基类数组的地址
e = a[:2]                                   # 切片操作，取 a[0]和 a[1]
print(e.base)
print(e.base is a)
print(a.base is e.base)
```

程序运行结果如下。

```
<class 'numpy.ndarray'>
[1 2 3]
```

```
[[1 2 3]
 [4 5 6]]
[[1 4]
 [2 5]
 [3 6]]
[1 2 3]
<memory at 0x0000017AAB871408>
int32
  C_CONTIGUOUS : True
  F_CONTIGUOUS : True
  OWNDATA : True
  WRITEABLE : True
  ALIGNED : True
  WRITEBACKIFCOPY : False
  UPDATEIFCOPY : False
C_CONTIGUOUS : True
  F_CONTIGUOUS : False
  OWNDATA : True
  WRITEABLE : True
  ALIGNED : True
  WRITEBACKIFCOPY : False
  UPDATEIFCOPY : False
2
5
[1.  2.1 4. ]
[-2.6  3.  -3.2]
3
6
4
4
3 16
12
24
48
True
1
2
(3,)
(2, 3)
(2, 2, 3) 3
(4,)
(12, 4)
(16,)
(24, 12, 4)
1626918476640
None
[1 2 3]
True
False
```

5.3 NumPy 数组操作相关函数

在 NumPy 的 API 文档中，有相关函数的详细介绍，表 5.2 列出了常用的数组操作相关函数。

表 5.2 NumPy 常用数组操作相关函数

函数名称	简要介绍
np.reshape	改变形状
np.arange	同上
np.resize	同上
np.append	数组末尾添加指定的元素，生成新的数组
np.all	使用 ndarray 元素对真假值进行判断，如果全为真为 True，否则为 False
np.any	使用 ndarray 元素对真假值进行判断，如果有真为 True，否则为 False
np.where	用于对满足条件的元素的索引进行返回的函数
np.amax	返回数组的最大值
np.ndarray.max	返回数组的最大值
np.amin	返回数组的最小值
np.ndarray.min	返回数组的最小值
np.ndarray.argmax	返回数组中的第一个最大值元素的索引
np.argmax	返回数组中的第一个最大值元素的索引
np.ndarray.argmin	返回数组中的第一个最小值元素的索引
np.argmin	返回数组中的第一个最小值元素的索引
np.sort	返回已经对元素进行排序后的数组
np.argsort	返回经过排序后的数组的索引
np.ndarray.sort	对数组进行排序，没有返回值
np.sort	对数组进行排序，没有返回值

【例 5.4】 数组操作示例。

本案例使用上表中的函数进行数组操作，操作方式在注释中已注明。本例语句可在 Jupyter 上执行，所得结果可对照参考附件中的代码文档，此处不再一一给出执行结果。

```
import numpy as np
a = np.arange(12)                  # 创建一个一维数组
print(a)
b = np.reshape(a, (3, 4))          # 把创建的一维数组 a 变形为 3×4 的二维数组
print(b)                           # 确认变形是否成功
b[0, 1] = 0                        # 更改其中一个元素的值
print(b)
print(a)                           # a 中相应元素的值也发生了变化
c = np.arange(12)                  # 再次创建相同的数组
d = np.reshape(c, (3,4), order='C') # 通过指定 order 参数，可以改变元素的排列顺序
print(d)                           # 'C' 为默认设置，因此输出的结果仍然是一样的
d = np.reshape(c, (3, 4), order='F')  # 如果将 order 设置为 'F'，则首先对高维度
                                      # 元素的索引进行变形
print(d)
# print(np.reshape(c, (3, 5)))     # 如果变形后的数组的 shape 与元素数量不匹配，就会导致
                                   # 运行时错误发生
a = np.arange(12)
```

```python
print(np.reshape(a, (3, 4)))      # 首先创建一个 3×4 的二维数组
print(np.resize(a, (3, 5)))       # 当数组的尺寸大于元素数量时，原有的元素会被重复使用
print(np.resize(a, (3, 2)))       # 当数组的尺寸小于元素数量时，原有的元素不会全部被使用
b = np.resize(a, (3, 4))
b[0, 1] = 0                       # 修改数组中的元素
print(b)
print(a)                          # 原有数组中的元素并没有同时被修改
a = np.arange(12)                 # 创建一个变形前的数组
a.resize((3, 4))                  # 变形
print(a)
a.resize((3, 5))                  # 和之前的 np.resize 函数调用不同，变形后的数组的 shape 与元
                                  #   素数量不匹配，因此会导致运行时错误发生
a.resize((3, 5), refcheck=False)  # 将参数 refcheck 指定为 False，程序会自动匹配
                                  #   数组的形状并填充相应的元素值。但是，对于欠缺
                                  #   的元素会使用 0 值进行填充
print(a)
b = np.arange(12)                 # 再次创建一个新的数组
c = b                             # 将 b 代入 c 中
c.resize((3, 4))                  # 只对 c 进行变形
print(c)
print(b)                          # 对数组 c 所做的改动也会被反映到数组 b 中
a = [1, 2, 3]
a.append(2)
print(a)
a = [1, 2, 3]
a.extend([4, 5, 6])
print(a)
a = np.arange(12)
np.append(a, [6, 4, 2])           # 在 a 的末尾添加元素
b = np.arange(12).reshape((3, 4))
print(b)
np.append(b, [1, 2, 3, 4])        # 如果不指定 axis，返回的就是一维数组
print(b)
np.append(b, [[12, 13, 14, 15]], axis=0)
# np.append(b, [12, 13, 14, 15], axis=0)  # shape 不一致时，会导致运行时产生错误
c = np.arange(12).reshape((3, 4))
print(c)
d = np.linspace(0, 26, 12).reshape(3, 4)   # 这次创建和 c 一样 shape 的数组
print(d)
np.append(c, d, axis=0)           # 指定 axis 为 0 时，将在行方向上添加元素
np.append(c, d, axis=1)           # 指定 axis 为 1 时，将在列方向上添加元素
a = np.array([
    [1, 1, 1],
    [1, 0, 0],
    [1, 0, 1],
])
print(np.all(a))                  # a 的元素为 1 时返回 True，为 0 时返回 False
b = np.ones((3, 3))
print(np.all(b))
print(np.all(a<2))                # a 的元素全部都小于 2 时返回 True
print(np.all(b%3<2))              # 除以 3 之后的余数小于 2
print(np.all(a, axis=0))          # 从行的方向上遍历元素
print(np.all(a, axis=1))          # 从列的方向上遍历元素
```

```python
a[2,0] = 0
print(a)
print(np.all(a, axis=0))
print(np.all(a, axis=0, keepdims=True))  # 指定 keepdims=True
print(a.all())
print(b.all())
print(a.all(axis=1))    # 列方向
print((a<2).all())
print(a.all(keepdims=True))
a = np.random.randint(10, size=(2, 3))
print(a)
print(np.any(a==9))     # 查找 a 的元素中是否包含元素 9。因为这里包含有元素 9，所以返回 True
print(np.any(a==5))     # 这种情况下，数值为 5 的元素一个都没有，所以返回 False
print(np.any(a%2==0, axis=0))        # 从行的方向上遍历元素
print(np.any(a%2==1, axis=1))        # 从列的方向上遍历元素
print(np.any(a%2==1, axis=1, keepdims=True))  # 指定 keepdims=True，对维度进行保留
print(np.any(a>2, keepdims=True))
print((a%5==0).any())
print((a>3).any())
b = np.random.randint(10, size=(2, 3))
print(b)
print((a==b).any(axis=1))
print((a==b).any(axis=1, keepdims=True))
a = np.array([10, 12, 9, 3, 19])
print(a[a<10])
a = np.arange(20, 0, -2)              # 首先创建一维数组
print(a)
print(np.where(a < 10))               # 获取小于 10 的索引
print(a[np.where(a < 10)])
a = np.arange(12).reshape((3, 4))     # 指定为 3×4 的二维数组
print(a)
print(np.where(a % 2 == 0))           # 只取出偶数元素
print(np.where(a%2==0, 'even', 'odd'))  # 偶数返回 even，奇数返回 odd
# print(np.where(a%2==0, 'even'))  # 如果只设置 True，就会导致运行时产生错误
print(np.where(a%2==0, 'even', 'odd'))  # 偶数返回 even，奇数返回 odd
b = np.reshape(a, (3, 4))
c = b ** 2
print(c)
print(np.where(b%2==0, b, c))         # 只有奇数元素被转换成了 c 中的元素
print(np.where(b%2==0, b, (10, 8, 6, 4)))  # 运用广播机制，使用(10, 8, 6, 4)重复的值
print(np.amax(np.array([1, 2, 3, 2, 1])))
arr = np.array([1, 2, 3, 4]).reshape((2, 2,))
print(np.amax(arr, axis=0))
print(np.amax(arr, axis=1))
print(np.amax(arr, keepdims=True))
a = np.random.rand(20)                # 使用 rand 创建 20 个随机数
print(a)
print(a.max())
a = a.reshape((4, 5))
print(a)
print(a.max())
print(a.max(axis=0))                  # 继续使用 a 求取最大值。首先求取每行的最大值
print(a.max(axis=1))                  # 接着求取每列的最大值
```

```python
b = np.random.rand(30).reshape((2, 3, 5))   # 之后再使用三维数组进行尝试
print(b)
print(b.max(axis=0))    # 求取两个二维数组的元素中的最大值
print(b.max(axis=1))    # 求取各个二维数组的行方向上的最大值
print(b.max(axis=2))    # 求取各个二维数组的列方向上的最大值
b = np.arange(10, dtype=np.float64)
b[3] = np.NaN           # 将 NaN 代入
print(b.max())
print(np.nanmax(b))     # 返回除 NaN 之外的元素中的最大值
a = np.array([
    [1.2, 1.3, 0.1, 1.5],
    [2.1, 0.2, 0.3, 2.0],
    [0.1, 0.5, 0.5, 2.3]])
print(np.amin(a))                # 不对参数进行特别指定
print(np.amin(a, axis=0))        # 在行方向上逐个对最小值进行提取
print(np.amin(a, axis=1))        # 在列方向上逐个对最小值进行提取
print(np.amin(a, axis=0, keepdims=True))  # 返回的不是一维数组，而是二维数组
print(np.amin(a, axis=1, keepdims=True))
print(a - np.amin(a, axis=1, keepdims=True))  # 指定 keepdims=True，就可以使用广播机制
# print(a - np.amin(a, axis=1))  # 如果不指定 keepdims=True，就无法顺利地进行计算
a = np.array([
    [1.2, 1.3, 0.1, 1.5],
    [2.1, 0.2, 0.3, 2.0],
    [0.1, 0.5, 0.5, 2.3]])
print(a.min())                   # 在不对参数进行指定的情况下提取最小值
print(a.min(axis=0))             # 指定坐标轴提取最小值
print(a.min(axis=1))
print(a.min(axis=0, keepdims=True))
print(a.min(axis=1, keepdims=True))
a = np.random.randint(10, size=10)       # 生成一个一维数组
print(a)                         # 对 a 中的数值进行确认
print(np.argmax(a))
print(a.argmax())
b = np.random.randint(10, size=(3, 4))   # 接下来生成一个 3×4 的二维数组
print(b)                         # 对 b 中的元素进行确认
print(np.argmax(b))              # 虽然需要获取的是二维数组中最大值的索引，但是返回的是
                                 #   降维成一维数组后的索引。因此这里获取的是 1
print(b.argmax())                # np.ndarray.argmax 的用法也是相同的
print(b)
print(np.argmax(b, axis=0))      # 指定 axis=0(在这种情况下为行)方向上的最大值（因
                                 #   为是从纵向查找最大值的索引，所以元素数量为 4 个）
print(b.argmax(axis=0))
print(np.argmax(b, axis=1))      # 尝试将 axis 指定为 1。这时需要查找列方向上的最大
                                 #   值(横向上元素中的最大值)
print(b.argmax(axis=1))
c = np.random.randint(10, size=(2, 3, 4)) # 生成一个 2×3×4 的三维数组
print(c)                         # 对 c 中的数值进行确认
print(np.argmax(c, axis=0))
print(c.argmax(axis=0))
print(np.argmax(c, axis=1))
print(c.argmax(axis=1))
print(np.argmax(c, axis=2))
print(c.argmax(axis=2))
```

```python
d = np.array([
    [1.2, 1.5, 2.3, 1.8],
    [0.2, 2.5, 2.1, 2.0],
    [3.1, 3.3, 1.5, 2.1]])
print(d.argmin())              # 首先在不指定参数的情况下执行代码
print(np.argmin(d))            # 同样地执行代码
print(np.unravel_index(np.argmin(d), d.shape))   # 这样调用，返回的就是没有被降
                                                 #   为一维数组的索引
print(np.argmin(d, axis=0))    # 接着对坐标轴进行指定
print(np.argmin(d, axis=1))
print(d.argmin(axis=1))        # ndarray.argmin 也可以完成同样的处理
a = np.random.randint(0, 100, size=20)
print(a)
print(np.sort(a))
a = np.array([1, 3, 2])
print(np.argsort(a))
values = [('Alice', 25, 9.7), ('Bob', 12, 7.6), ('Catherine', 1, 8.6), ('David', 10, 7.6)]
dtype = [('name', 'S10'),('ID', int), ('score', float)]
a = np.array(values, dtype=dtype)
np.sort(a, order='score')
print(a)
print(np.argsort(a, order='score'))
print(np.sort(a, order=['score', 'ID']))
print(np.argsort(a, order=['score', 'ID']))
b = np.random.randint(0, 100, size=20).reshape(4,5)
print(b)                       # 将 b 变成二维数组
print(np.sort(b))              # 如果不指定 axis，就会在列方向上进行排序
print(np.argsort(b))           # argsort 也是同样的。显示的索引只是列的编号
print(np.sort(b, axis=0))      # 然后对 axis 进行指定
print(np.argsort(b, axis=0))
c = np.random.randint(0, 100, size=(2, 4, 5))
print(c)
print(np.sort(c, axis=0))      # 三维数组在 axis=0 的方向上排序
print(np.argsort(c, axis=0))   # 因为是对元素两两进行排序，因此索引值不是 0 就是 1
a = np.random.randint(0, 100, 20) # 生成 20 个随机数
print(a)
np.sort(a)                     # 返回经过排序后的数组
print(a)                       # a 中的内容没有变化
a.sort()                       # 使用 ndarray.sort 函数对 a 的元素进行排序
print(a)
```

运行结果请参考附件中的代码文档。

5.4 NumPy 数学函数

5.4.1 NumPy 数学函数基础

NumPy 对许多数学函数都提供了实现代码，使用这些函数既可以方便代码编写，又容易维护。NumPy 常用的数学函数如表 5.3 所示。

表 5.3 NumPy 常用的数学函数

函数名称	简要介绍
np.add	加法
np.subtract	减法
np.multiply	乘法
np.divide	除法
np.mod	取余
np.power	幂运算
np.sqrt	求平方根
np.sin	正弦函数
np.cos	余弦函数
np.tan	正切函数
np.arcsin	反正弦函数
np.arccos	反余弦函数
np.arctan	反正切函数
np.rad2deg	将弧度转换为角度
np.radians	将角度转换为弧度
np.deg2rad	将角度转换为弧度
np.exp	e 的次方，即 np.e 的次方
np.log	e 为底的自然对数
np.log2	2 为底的对数
np.log10	10 为底的对数
np.log1p	e 为底，计算 log(1+x)
np.floor	向下取整
np.trunc	向下取整
np.ceil	向上取整
np.round	四舍五入
np.around	四舍五入
np.real	取复数的实部
np.imag	取复数的虚部
np.conj	返回共轭复数
np.fabs	取绝对值，不支持复数
np.absolute/np.abs	取绝对值，支持复数

【例 5.5】 数学函数示例。

本案例使用表 5.3 中的函数进行数组操作，操作方式注释中已注明。

```
import numpy as np
a = np.array([1, 1, 2, 3, 4])
b = np.array([2, 4, 6, 8, 10])
print(a + b)  # 将两个数组相加会返回将每个元素相加后得到的结果
print(a + 4)  # 给每个元素加 4
```

```python
print(np.add(a ,b))              # 使用函数也可以完成同样的计算
print(np.add(a, 4))
print(a - b)                     # 使用之前生成的 a 和 b
print(b - a)
print(a - 4)                     # 将每个元素减去 4
print(np.subtract(a, b))         # 减法也可以使用函数实现
print(np.subtract(a, 4))
print(a * b)
print(a * 2)
print(np.multiply(a, b))
print(np.multiply(a, 2))
print(b / a)                     # 虽然是计算 b÷a 的结果，但是由于 a 的元素中包含 0，因此
                                 #   其中一个结果是表示无限的 inf
print(b / 2)                     # 尝试除以 2
print(b / 3)                     # 尝试除以 3
print(np.divide(b, a))           # 使用函数也可以完成相同的处理
print(np.divide(b, 2))
print(b // 3)
print(b % 3)
print(np.mod(b, 3))              # 除以 3 得到的余数
print(np.power(2, 3))            # 计算 2 的三次方
print(2**3)                      # Python 的幂运算
a = np.arange(1, 11, 1)
b = np.array([1, 2, 1, 2, 1, 2, 1, 2, 1, 2])
print(a)
print(b)
print(np.power(a, b))            # 一次方和二次方的值交替出现
print(a ** b)                    # 与上一函数功能相同
print(np.sqrt(2))                # 使用 np.sqrt 函数计算平方根
print(2 ** 0.5)                  # 不使用函数也一样可以计算平方根
print(np.sqrt(a))                # 可以指定使用数组
print(np.sin(0))                 # 三角函数的参数是弧度
print(np.cos(0))
print(np.tan(0))
print(np.sin(np.pi*0.5))         # π/2 时，正弦值为 1
print(np.cos(np.pi*0.5))         # 结果应当为 0
print(np.tan(np.pi*0.5))         # 无限发散的值
print(np.sin(1))
print(np.cos(1))
print(np.tan(1))
print(np.arcsin(0.5))
print(np.arccos(0.5))
print(np.arctan(1.0))
print(np.arcsin(-1.0))
print(np.arccos(-1.0))
print(np.arctan(-0.5))
print(np.radians(120))
print(np.deg2rad(120))
print(np.rad2deg(3.14))
print(np.deg2rad(np.rad2deg(2.3)))
print(np.exp(1))                 # 一次方
print(np.exp(2))
print(np.exp(0))
```

```
print(np.log(np.e))              # np.e 为纳皮尔常数 e
a = np.array([1., 2., np.e**2, 10])
print(np.log(a))                 # 可以指定使用数组（其他数学函数也是类似的）
b = np.array([1., 2., 4., 7])
print(np.log2(b))
c = np.array([1., 10., 20., 100])
print(np.log10(c))
print(np.log1p(a))
print(np.log(2)/np.log(4))       # log4(2)可以使用这句代码实现（4 为底）
print(np.log(9)/np.log(3))       # log3(9)（3 为底）
a = np.array([-1.8, -1.4, -1.0, -0.6, -0.2, 0., 0.2, 0.6, 1.0, 1.4, 1.8])
print(np.floor(a))               # 向下取整(取值比其小的整数)
print(np.trunc(a))               # 向下取整(舍去小数部分)
print(np.ceil(a))                # 向上取整（取值比其大的整数）
print(np.round(a))               # 四舍五入
print(np.around(a))              # 四舍五入
print(np.rint(a))                # 四舍五入
print(np.fix(a))                 # 取最接近 0 的整数
a = 1 + 2j                       # 复数 1 + 2j
b = -2 + 1j                      # 复数 - 2 + 1j，不要忘记写 1
print(np.real(a))                # a 的实部为 1
print(np.imag(a))                # a 的虚部为 2
print(a+b)                       # 与复数计算相同，对实部和虚部分别进行加法运算
print(a*b)
print(a/b)
print(np.conj(a))                # 返回共轭复数
a = -2.5
print(np.absolute(a))
print(np.fabs(a))
b = -2 + 3j                      # 尝试使用复数进行计算
print(np.abs(b))                 # np.abs 是 np.absolute 的缩写形式
print(np.fabs(b))                # np.fabs 函数不支持对复数绝对值的计算
c = np.array([-1, 2, -8, 12, 1+2j])
print(np.abs(c))                 # 返回每个元素的绝对值
print(np.e)
print(np.pi)
```

运行结果请参考附件中的代码文档。

5.4.2 NumPy 统计函数

对数据进行统计分析是一项常规的操作步骤，本节介绍了对数据进行统计的常用函数，包括：均值中位数、求和、标准差、方差、协方差和相关系数等，如表 5.4 所示。

表 5.4 NumPy 常用统计函数

函数名称	简要介绍
np.average	返回根据指定的方法计算得到的平均值。可以指定权重 weights
np.mean	返回根据指定的方法计算得到的平均值。不可以指定权重 weights
np.ndarray.mean	返回根据指定的方法计算得到的平均值。不可以指定权重 weights
np.median	返回经过计算后所得到的中位数

（续）

函数名称	简要介绍
np.sum	返回计算所得到的和值作为元素的数组
np.ndarray.sum	返回计算所得到的和值作为元素的数组
np.std	返回将指定范围内的标准差作为元素的数组
np.var	返回将指定范围内的方差作为元素的数组
np.cov	返回根据指定的数据集合所得到的协方差矩阵
np.corrcoef	返回元素中包含相关系数的矩阵

【例 5.6】 统计函数示例。

本案例使用表 5.4 中的函数进行数组操作，操作方式注释中已注明。

```python
import numpy as np
a = np.array([33, 44, 54, 23, 25, 55, 32, 76])   # 创建一个合适的数组
print(np.average(a))                # 计算 a 的平均值
a = a.reshape(2, 4)                 # 改变 a 的 shape
print(a)
print(np.average(a))                # 无论 a 的 shape 如何变化，只要没有指定 axis 参数，
                                    # 返回的就是一个标量值
print(np.average(a, axis=0))        # 指定坐标轴(axis)参数。二维数组指定 axis=0，就是
                                    # 计算行方向上的平均值
print(np.average(a, axis=1))        # 指定 axis = 1 时计算的是列方向上的平均值
b = np.random.rand(24).reshape(2, 3, 4)       # 接下来计算三维数组的平均值
print(b)
print(np.average(b, axis=0))        # 对分为两个大的数组中的元素分别计算平均值
print(np.average(b, axis=1))        # 计算行方向上的平均值
print(np.average(b, axis=2))        # 计算列方向上的平均值
a = a.flatten()                     # 将 a 扁平化为一维数组
print(a)
w = np.array([0.1, 0.05, 0.2, 0.0, 0.0, 0.4, 0.2, 0.05])  # 设置权重
print(np.average(a, weights=w))     # 计算带权重的平均值
w2 = np.array([0.2, 0.8])
a = a.reshape(2, 4)                 # 再次对 a 进行扁平化操作
print(np.average(a, axis=0, weights=w2))   # 当所指定的坐标轴方向上的元素数量相
                                    # 同，且权重数组是一维数组时，广播机
                                    # 制将被触发
print(np.average(a, returned="True"))    # 如果不设置权重，则每个元素默认的权
                                    # 重就为 1.0，因此权重的合计值就与元
                                    # 素数量相等
a = a.flatten()                     # 将 a 扁平化为一维数组
print(a)
print(w)
print(np.average(a, weights=w, returned="True"))    # 在这个状态下执行，就会显
                                    # 示平均值和权重合计
np.random.seed(1)
a = np.random.randint(0, 10, 20)    # 生成 20 个 0~9 的随机整数
print(a)
print(np.mean(a))                   # 计算平均值
print(a.mean())                     # 使用 np.ndarray.mean 形式的调用
b = a.reshape(4, 5)                 # 将 a 变形为 4×5 的二维数组，并代入到
                                    # 变量 b 中
```

```python
print(b)
print(np.mean(b))              # 即使改变 shape，结果也是一样的
print(b.mean())
print(np.mean(b, axis=0))      # 在行方向上求平均，也就是计算每列的平均值
print(np.mean(b, axis=1))      # 在列方向上求平均，也就是计算每行的平均值
c = np.random.rand(24).reshape((2, 3, 4))  # 尝试计算三维数组的平均值
print(c)                       # 生成 24 个 0~1 的随机数
print(np.mean(c, axis=0))      # 在有 3 个坐标轴（axis）的数组中，指定 axis=0 将数组分
                               # 成两个二维数组，并对这两个数组中对应的元素计算平均值
print(np.mean(c, axis=1))      # 这是有两个坐标轴的情况下的行方向，也就是对每列元素计
                               # 算平均值
print(np.mean(c, axis=2))      # 这是有两个坐标轴的情况下的列方向，也就是对每行元素计
                               # 算平均值
d = np.random.rand(1000)       # 生成 1000 个随机数
print(d.dtype)                 # 确认 dtype
print(np.mean(d))              # 首先在不指定 dtype 的前提下计算平均值
print(np.mean(d, dtype="float32"))   # 将比特数减少一半，并重新计算平均值
print(np.mean(d, dtype="float16"))   # 再将比特数减少一半，并重新计算平均值
print(b)                       # 使用二维数组 b
e = np.mean(b, keepdims=True)  # 维度不会降低
print(e)
print(e.shape)
f = np.mean(b, keepdims=False)
print(f)
g = np.mean(b, axis=1, keepdims=True)
print(g)
print(g.shape)
h = np.mean(b, axis=1, keepdims=False)
print(h)
print(h.shape)
a = np.random.randint(100, size=(2, 3, 4))  # 生成 2×3×4 的三维随机数组
print(a)                       # 确认数组中的内容
print(np.median(a))            # 将所有的元素作为对象，计算中位数
print(np.median(a, axis=2))    # 沿着 axis=2 的坐标轴方向计算中位数
print(np.median(a, axis=1))    # 指定 axis=1
print(np.median(a, axis=(1, 2)))  # 如果指定两个 axis，就会在二维空间中计算中位数
b = a.copy()
print(b)
np.median(b, axis=1, overwrite_input=True)
print(np.all(a==b))            # 确认 a 和 b 的所有元素是否一致
print(a)
print(b)                       # 与 a 的排列顺序不一样，这证明已经执行了破坏性操作
b = a.copy()
c = np.random.randn(10000)     # 用大的数组进行比较
d= c.copy()
print(np.median(a, axis=0, keepdims=True))   # 输出三维数组
print(np.median(a, axis=1, keepdims=False))  # 指定 axis=1，比较指定 True 和
                                             # False 时的区别
print(np.median(a, axis=1, keepdims=True))
print(np.median(a, axis=(0, 2), keepdims=True))
a = np.random.randint(0, 10, size=(2,5))
print(a)                       # 2×5 的 0~9 的随机数组
print(np.sum(a))               # 对所有元素进行求和计算
```

```python
b = np.array([2, 4, 1, 6])                  # 当然一维数组也可以进行计算
print(np.sum(b))
c = np.random.randint(0, 10, size=(2, 4, 5))  # 尝试对三维数组进行计算
print(c)
print(np.sum(c))
print(a)                                     # 使用与前面相同的二维数组
print(np.sum(a, axis=0))                     # 在行方向求和
print(np.sum(a, axis=1))                     # 在列方向求和
print(c)                                     # 对三维数组求和
print(np.sum(c, axis=0))
print(np.sum(c, axis=1))
print(np.sum(c, axis=2))
print(np.sum(c, axis=0, keepdims=True))      # 指定 keepdims=True, 就会输出三维数组
print(np.sum(c, axis=1, keepdims=True))
print(np.sum(c, axis=2, keepdims=True))
print(np.sum(a, dtype='int8'))               # 数据类型指定为 int8
print(np.sum(a, axis=0, dtype='float'))      # 数据类型指定为 float
print(a)                                     # 使用与前面相同的数组
print(b)
print(c)
print(a.sum())                               # 进行简单的求和计算
print(b.sum())
print(c.sum())
print(a.sum(axis=0))                         # 指定 axis
print(c.sum(axis=0))
print(c.sum(axis=2))
print(a.sum(axis=0, keepdims=True))          # 指定 keepdims=True
print(c.sum(axis=2, keepdims=True))
print(a.sum(axis=0, dtype='float'))          # 指定 dtype
a = np.random.rand(10)                       # 创建随机数组
print(a)                                     # 确认数组中的内容
print(np.std(a))                             # 计算标准差
b = np.random.rand(2, 3, 4)                  # 在这里生成三维数组
print(b)
print(np.std(b, axis=0))  # 沿着 axis=0 的方向计算标准差, 结果为 3×4 的二维数组
print(np.std(b, axis=(0, 1)))     # 同时指定两个 axis, 就是在这两个坐标轴所展开
                                  #   的平面内计算标准差
print(np.std(b, axis=(0, 1, 2)))
print(np.std(b, dtype='float16'))
print(np.std(b, dtype='complex'))
c = np.empty((2, 3))                         # 准备用于保存的数组(在这里使用 np.empty)
print(np.std(b, axis=2, out=c))              # 参数 out 指定为 c
print(c)                                     # 结果被完整地保存在 c 中
print(np.std(b))                             # 显示原有的值(ddof=0)
print(np.std(b, ddof=1))                     # 指定 ddof=1, 显示无偏标准差
print(np.std(b, keepdims=True))              # 若指定 keepdims=True, 就会返回三维数组
print(np.std(b, axis=0, keepdims=True))             # 指定 axis
print(b / np.std(b, axis=0, keepdims=True))         # 可以这样使用广播功能
print(b / np.std(b, axis=0, keepdims=False))        # 即使指定 False, 有时也可以顺
                                                    #   利执行
# print(b / np.std(b, axis=1, keepdims=False))   # 如果改变 axis 的设置, 可能会发
                                                 #   生运行时错误

a = np.array([10, 20, 12, 0, 3, 5])
```

```python
print(np.var(a))                    # 如果不特地指定参数,将根据这6个数据计算方差
b = np.random.randint(20, size=(3,4))
print(b)                            # 确认b中的内容
print(np.var(b))                    # 如果不指定axis,就会计算整体的方差
print(np.var(b, axis=0))            # 计算每行的方差
print(np.var(b, axis=1))            # 计算每列的方差
print(np.var(b, axis=(0, 1)))       # 如果像左边这样编写代码,就可以在第0、1号的坐标
                                    #   轴方向上进行计算,对所有范围内的方差进行计算
c = np.random.randn(100).reshape(5, 20)   # 生成服从正态分布的随机数组
print(c.dtype)                      # 确认数据类型
print(c)
print(np.var(c, dtype='float32'))   # 指定dtype
print(np.var(c, dtype='float64'))
d = np.random.randn(10)             # 使用10个样本数据进行计算
print(d)
print(np.var(d, ddof=0))            # 使用默认值ddof=0对样本方差进行计算
print(np.var(d, ddof=1))            # 对无偏方差进行计算
e = np.random.randn(5)              # 减少样本数量
print(e)
print(np.var(e))
print(np.var(e, ddof=1))            # 逼近于1
f = np.random.randint(20, size=(2, 5, 10))  # 随机的三维数组
print(f)
f_var = np.var(f, axis=1)           # 计算每一行的方差
# print(f/f_var)                    # 这样设置是不能正确使用广播功能的
print(f_var.shape)                  # 尝试确认shape
f_var = np.var(f, axis=1, keepdims=True)
print(f/f_var)                      # 将keepdims指定为True,就可以顺利地进行计算
a = np.array([[10, 5, 2, 4, 9, 3, 2],[10, 2, 8, 3, 7, 4, 1]])
    # 将第一行作为每个学生的数学分数,第二行作为每个学生的语文分数(满分都是10分)
print(np.cov(a))  # 指定参数
c = np.array([3, 2, 1, 5, 7, 2, 1])          # 添加英语的分数
print(np.cov(a,c))                           # 返回数学、语文、英语的协方差矩阵
a_transpose = a.T                            # 列与行进行替换
c_transpose = np.reshape(c, (-1, 1))
print(np.cov(a_transpose, y=c_transpose, rowvar=False))# 从初始值开始计算
print(np.cov(a, bias=True))                  # 因为是除以N,所以值会逐渐减少
print(np.cov(a, ddof=None))
print(np.cov(a, ddof=0))
print(np.cov(a, ddof=1))
print(np.cov(a, ddof=2))
print(a)
fweights = np.array([1, 2, 2, 1, 1, 1, 1])  # 需要重视从左边开始的第2、3名学生
                                            #   的分数
print(np.cov(a, fweights=fweights))
aweights= np.array([0.1, 0.2, 0.2, 0.2, 0.1, 0.1, 0.1])  # 需要重视第2、3、4
                                                          #   名学生的分数
print(np.cov(a, aweights=None))
print(np.cov(a, aweights=aweights))
x = np.array([
[1, 2, 1, 9, 10, 3, 2, 6, 7],
[2, 1, 8, 3, 7, 5, 10, 7, 2]])      # 第一行为数学成绩,第二行为语文成绩
print(np.corrcoef(x))               # 计算相关矩阵,右上与左下的值为相关系数
```

```
y = np.array([2, 1, 1, 8, 9, 4, 3, 5, 7])  # 添加英语成绩
print(np.corrcoef(x, y))        # 指定第二个参数 y，即使不特意对 3 个科目的成绩进行连
                                  接，也可以对相关系数进行计算
x_transpose = x.T
print(np.corrcoef(x_transpose, rowvar=False))   # 指定 rowvar=False，求取每一
                                                  列的相关系数
print(np.corrcoef(x_transpose, rowvar=True))    # 如果指定 rowvar=True(默认设
                                                  置)，就是求取每一位学生的相关
                                                  系数
```

程序运行结果请参考附件中的代码文档。

5.4.3 NumPy 向量和矩阵函数

科学计算中不可缺少向量计算和矩阵计算，NumPy 常用的向量和矩阵函数如表 5.5 所示。

表 5.5 NumPy 常用的向量和矩阵函数

函数名称	简要介绍
np.dot	计算向量的内积和矩阵乘积
np.array	二维数组
np.matrix	矩阵
np.linalg.det	返回行列式
np.linalg.eig	返回包含特征值和特征向量的两个数组
np.linalg.matrix_rank	返回所指定的矩阵或向量的秩
np.linalg.inv	返回所指定矩阵的逆矩阵
np.outer	返回两个向量的外积
np.cross	返回叉积向量
np.convolve	返回卷积积分的运算结果

【例 5.7】 向量计算与矩阵计算示例。

本案例使用表 5.5 中的函数进行数组操作，操作方式注释中已注明。

```
import numpy as np
a = np.array([1, 2])
b = np.array([4, 3])
print(np.dot(a, b))          # 计算二维向量之间的内积
print(np.dot(a, a))          # 这样设置，向量的范数的平方就表示为计算结果
print(np.dot(4, 5))          # 加入数字也可以进行点积计算
c = np.array([1j, 2j])       # 加入复数进行计算
d = np.array([4j, 3j])
print(np.dot(c, d))
print(np.dot(a, d))
e = np.matrix([1, 2])
f = np.matrix([4, 3])
# print(np.dot(e, f))        # 如果使用 np.matrix 进行相同的计算，会发生运行时错误
f = np.matrix([[4], [3]])    # 将 f 变换成列向量
print(np.dot(e, f))          # 可以得到相同的计算结果
a = np.array([[1, 2], [3, 4]])
b = np.array([[4, 3], [2, 1]])
```

```python
print(np.dot(a, b))         # 计算 2×2 的矩阵之间的乘积
print(np.dot(b, a))         # 将 a 和 b 的顺序进行颠倒，返回的矩阵也会不同
c = np.arange(9).reshape((3, 3))
d = np.ones((3, 3))         # 生成元素为 1 的 3×3 的数组
print(np.dot(c, d))         # 3×3 的矩阵之间也同样可以计算内积
a = np.arange(12).reshape((4, 3))
b = np.arange(16).reshape((4, 4))
# print(np.dot(a, b)) # a 的 axis=1 与 b 的 axis=0 不同，就不能进行计算
d = np.matrix([[0, 1, 2], [3, 4, 5], [6, 7, 8]]) # 创建将 c 和 d 变换成 matrix 后的矩阵
e = np.matrix([[1, 1, 1], [1, 1, 1], [1, 1, 1]])
print(np.dot(d, e))
result = np.zeros((2, 2))        # 事先创建用于保存结果的数组
a = np.arange(4).reshape(2, 2)
b = np.ones((2, 2))
print(a)
print(np.dot(a, b, out=result))
print(result)                    # 确认保存是否完整
print(np.dot(b, a, out=result))  # 将输入 a 与 b 的顺序进行颠倒，也可以反映出值的变化
import numpy.linalg as LA         # 通常是将 linalg 模块作为 LA 进行导入
a = np.array([[2, 3], [4, -1]])
print(a)
print(LA.det(a))                 # 计算 a 的行列式
b = np.array([[1, 1], [2, 2]])   # 返回的是 0 行列式
print(b)
print(LA.det(b))
c = np.array([[1-1j, 3j], [-3j, 1+2j]]) # 元素是复数也没有问题
print(c)
print(LA.det(c))
d = np.random.randint(-5, 6, size=(3, 3, 3))
print(d)
print(LA.det(d))
a = np.array([[1, 0], [0, 2]])  # 从容易理解的对角矩阵开始计算
print(a)
print(LA.eig(a))
b = np.array([[2, 5], [3, -8]]) # 对这个矩阵的特征值和特征向量进行计算
print(b)
print(LA.eig(b))
c = np.random.randint(-10, 10, size=(3, 3))      # 尝试使用 3×3 的矩阵
w, v = LA.eig(c)                 # 这种情况下，w 相当于特征值，v 相当于特征向量
print(w)
print(v)
c = np.random.randint(-10, 10, size=(3, 3, 3))   # 尝试使用 3×3 的矩阵
print(c)
w, v = LA.eig(c)
print(w)
print(v)
A = np.array([[1, 1, 4, 0, 1],
[0, 3, 1, 3, 2],
[1, 3, 0, 0, 1],
[2, 4, 3, 1, 1]])                                # 定义矩阵 A
print(np.linalg.matrix_rank(A))                  # 确认矩阵的秩
B = np.array([
[1, 2, 3, 0],
[2, 4, 6, 0],
```

```python
            [1, 0, 1, 2],
            [1, 0, 0, 3]])
print(np.linalg.matrix_rank(B))                      # 计算矩阵的秩
a = np.random.randint(-9, 10, size=(2, 2))           # 首先从 2×2 的矩阵开始计算
print(a)
print(np.linalg.inv(a))                              # 计算逆矩阵
print(np.dot(a, np.linalg.inv(a)))                   # 计算乘积并确认其是否会变成单位矩阵
b = np.random.randint(-10, 10, size=(3, 3))          # 对 3×3 的矩阵进行计算
print(b)
c = np.linalg.inv(b)
print(c)
print(np.dot(b, c))                                  # 计算乘积
print(np.dot(c, b))   # 即使顺序颠倒,其计算结果也基本不会发生变化(因为除了对角线
                      #   上的元素之外,其他的值的大小几乎等于零。e-17 表示 10 的-17
                      #   次方)
d = np.random.randint(-10, 10, size=(4, 3, 3))       # 4 个 3×3 的矩阵
print(d)
e = np.linalg.inv(d)                                 # 计算逆矩阵
print(e)
print(np.dot(d, e))                                  # 尝试计算乘积
a = np.array([1, 2, 3, 2, 1])
b = np.array([0, 2, 4, 6, 8, 1])                     # 创建两个一维数组
print(np.outer(a, b))                                # 计算外积
print(a.shape)                                       # 确认各自的 Shape
print(b.shape)
print(np.outer(a, b))                                # 完全变成了(M,N)
print(np.outer(a, b).shape)                          # 完全变成了(M,N)
np.outer(a, b) == a.reshape(-1, 1) * b               # 使用广播功能也可以进行同样的计算
b = b.reshape(2, -1)
c = np.random.randint(0, 5, size=(2, 4))
print(b)
print(c)
print(np.outer(b, c))
print(np.outer(b.ravel(), c.ravel()))                # 即使指定转换为一维数组后的数组,其
                                                     #   结果也是一样的
a = np.array([1, 2, 3])
b = np.array([5, 4, 0])
print(np.cross(a, b))                                # 在不进行任何指定的情况下尝试执行
c = np.array([-1, 1, 3])
d = np.array([2, 3, 3])
print(np.cross(c, d))                                # 使用其他的组合进行尝试
b_2 = np.array([5, 4])
print(np.cross(a, b_2))
ac = np.vstack((a, c))
bd = np.vstack((b, d))                               # 在 axis=0 方向连接
print(ac)
print(bd)
print(np.cross(ac, bd))                              # 计算叉积
ac_2 = ac.transpose()                                # 进行转置
print(ac_2)
# print(np.cross(ac_2, bd))          # 由于 ac 和 bd 的 shape 是不同的,因此如果不指定
                                     #   axisa 或 axisb,就会出现运行时错误
print(np.cross(ac_2, bd, axisa=0))   # 因为 a 和 c 保存在 axis=0 方向上,所以指
```

```
                                            定 axisa=0,可以顺利执行代码
    bd_2 = bd.transpose()
    print(bd_2)
    print(np.cross(ac, bd_2, axisb=0))
    print(np.cross(ac, bd, axisc=1))        # 这里的结果没有发生变化
    print(np.cross(ac, bd, axisc=0))        # 返回经过转置的数组
    print(np.cross(ac_2, bd_2, axis=0))
    # print(np.cross(np.array([1, 1, 1, 1]), np.array([1, 1, 1, 1])))
    # print(np.cross(np.array([1]), np.array([1])))  # 即使元素数量为1,也会发生运行
                                                       时错误
    a = np.array([0, 1, 2, 3, 4, 5])        # 数组 a
    v = np.array([0.2, 0.8])                # 数组 v
    print(np.convolve(a, v, mode='same'))   # 首先从'same'开始计算卷积
    print(np.convolve(a, v, mode='full'))   # 这里是默认设置的状态
    print(np.convolve(a, v, mode='valid'))  # 指定 mode='valid'的情况
```

程序运行结果请参考附件中的代码文档。

5.5 NumPy 数据分类案例

随着机器学习的广泛应用,传统的统计分析越来越难以满足日益增长的数据分析需求,本节列举了一个线性回归的 NumPy 案例。以机器学习中最简单的线性回归为基本模型,构造对正弦曲线的线性回归模型。

5.5.1 线性回归的基本概念

线性回归是一种有监督的学习算法,它介绍了自变量和因变量之间的线性相关关系,分为一元线性回归和多元线性回归。一元线性回归是一个自变量和一个因变量间的回归,可以看成是多元线性回归的特例。线性回归可以用来预测和分类,从回归方程可以看出自变量和因变量的相互影响关系。

对于线性回归的模型假定如下。
- 误差项的均值为 0,且误差项与解释变量之间线性无关。
- 误差项是独立同分布的,即每个误差项之间相互独立且每个误差项的方差是相等的。
- 解释变量之间线性无关。
- 正态性假设,即误差项是服从正态分布的。

以上的假设是建立回归模型的基本条件,所以对于回归结果要一一验证,如果不满足假定,就要进行相关的修正。

在这里,线性回归就是对独立变量 X 和其从属变量 y 之间的关系进行求解的过程,用于表达这个关系的对象称为线性回归模型。线性回归拟合的目标是如图 5.1 所示的正弦曲线。

关于这个曲线,可以使用如下的函数模型进行拟合。

$$f(X_i) = \omega_0 + \omega_1 X_i + \omega_2 X_i^2 + \omega_3 X_i^3 + \omega_4 X_i^4 + \omega_5 X_i^5$$

这里一个 X 值对应一个 y 的值,可以表示为如下的集合。

$$X = (X_1, X_2, \cdots, X_n)$$

$$y = (y_1, y_2, \cdots, y_n)$$

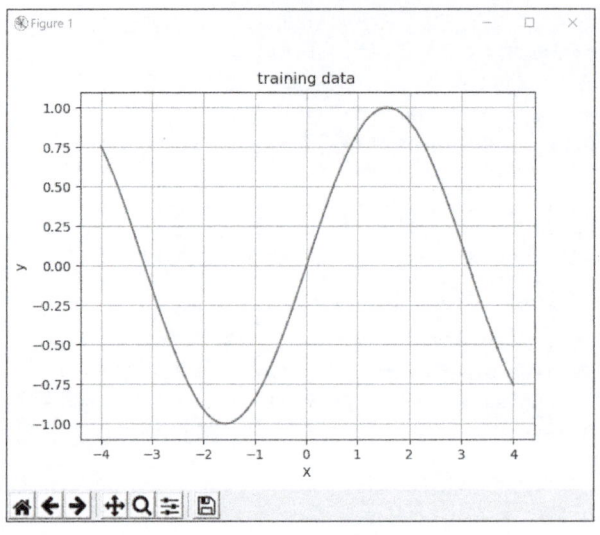

图 5.1　正弦曲线

5.5.2　损失函数的设置

所谓损失函数，是将预测模型与目标之间的偏离程度作为指标进行量化的函数。

如果损失函数的输出值较大，就说明模型与目标之间的差异比较大。相反，如果损失函数的输出值较小，则说明模型与目标之间的差异较小。为了评估目标值（在这里给出的 X 和 y 中，y 是目标值）与预测值之间的偏离程度，在这里将使用平方误差来计算。

平方误差是将预测值与目标值之间的各个差值进行平方计算，再进行求和计算所得到的结果。损失函数 L 可以表示为如下公式。

$$L = \frac{1}{2}\sum_{n=1}^{N}(y_n - f(X_n))^2 = \frac{1}{2}\sum_{n=1}^{N}(y_n - (\omega_0 + \omega_1 X_n + \omega_2 X_n^2 + \omega_3 X_n^3 + \omega_4 X_n^4 + \omega_5 X_n^5))^2$$

接下来，需要找到合适的参数使损失函数达到最小值，即其偏导数为 0。由本节的公式可以看出公式中的参数是六个，即：ω_0，ω_1，ω_2，ω_3，ω_4，ω_5。据此，通过运算得到关于 ω 的线性方程组，如下所示。

$$A_{ij} = \sum_{n=1}^{N} X_n^{i+j}$$

$$b_j = \sum_{n=1}^{N} y_n X_n^i$$

以上公式中 j 为 0、1、2、3、4、5 中的任意值。

5.5.3　Python 程序实现

1. 创建样本数据

首先，创建最初的样本数据。这里将创建包含若干噪声的 X 和 y 的组合，共计 20 个。

```
import numpy as np
X = np.random.rand(20)*8-4                          # -4～4 内均匀分布的随机数
print(X)
y = np.sin(X) + np.random.randn(20)*0.2             # 在正弦曲线的值中加入噪声
print(y)
```

输出结果如下。

```
[ 0.61521991  3.67321714  1.75202669 -2.63427347 -0.5538909   1.04942221
 -1.74817529  1.48478637  2.29423092 -3.93212977  2.46645167 -2.51736816
 -3.80892445 -2.39551773 -2.65529311 -2.64311242 -3.90115615 -0.1099774
 -2.9512066  -0.47222345]
[ 0.92696193 -0.60590463  1.19939965 -0.71370019 -0.47486665  1.27520335
 -0.87178294  0.99541952  0.90098842  0.64921863  0.49791925 -0.52928139
  0.54902802 -0.64027978 -0.43272518 -0.22965188  0.59825836 -0.10554968
 -0.04291612 -0.67308528]
```

2. 构造散点图

根据以上数据构造散点图的代码如下，显示结果如图 5.2 所示。

```
import matplotlib.pyplot as plt
XX = np.linspace(-4, 4, 100)   # 生成将-4～4 内的空间均分为 100 等分的数列
plt.xlabel('X')
plt.ylabel('y')
plt.title('training data')
plt.grid()
plt.scatter(X, y, marker='x', c='red')  # 用 marker 设置点的形状，c 设置颜色，并生
                                         成散点图
plt.plot(XX, np.sin(XX))       # 绘制正弦曲线
plt.show()
```

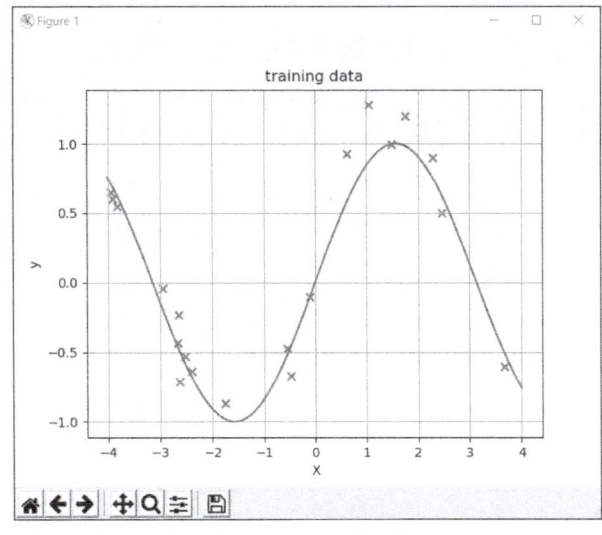

图 5.2 构造散点图

3. 创建矩阵 A

在生成训练数据后，再用这些数据来创建矩阵 A。其实现代码如下。

```
A = np.empty((6,6))    # 创建保存矩阵 A 的容器
for i in range(6):
    for j in range(6):
        A[i][j] = np.sum(X**(i+j))
print(A)
```

程序运行结果如下。

```
[[ 2.00000000e+01 -1.69878940e+01  1.22141235e+02 -2.05236746e+02
   1.24866109e+03 -2.60478160e+03]
 [-1.69878940e+01  1.22141235e+02 -2.05236746e+02  1.24866109e+03
  -2.60478160e+03  1.53015413e+04]
 [ 1.22141235e+02 -2.05236746e+02  1.24866109e+03 -2.60478160e+03
   1.53015413e+04 -3.57418011e+04]
 [-2.05236746e+02  1.24866109e+03 -2.60478160e+03  1.53015413e+04
  -3.57418011e+04  2.06202870e+05]
 [ 1.24866109e+03 -2.60478160e+03  1.53015413e+04 -3.57418011e+04
   2.06202870e+05 -5.18443056e+05]
 [-2.60478160e+03  1.53015413e+04 -3.57418011e+04  2.06202870e+05
  -5.18443056e+05  2.91967004e+06]]
```

对应的向量 b 的创建代码如下。

```
b = np.empty(6)
for i in range(6):
    b[i] = np.sum(X**i*y)
print(b)
```

程序运行结果如下。

```
[    2.27265341    8.32496008   14.36425898   -57.06311624
    239.32955087 -1559.59985662]
```

构建好矩阵 A 和向量 b 后，将求解参数向量 ω，实现代码如下。

```
omega = np.dot(np.linalg.inv(A), b.reshape(-1, 1))
# 使用 np.linalg.inv()得到逆矩阵，使用 np.dot 计算内积
print(omega.shape)
```

输出结果如下。

```
(6, 1)
```

这里使用的 np.linalg.inv 是用来生成指定矩阵的逆矩阵的函数，np.dot 是计算矩阵内积的函数。至此，就实现了对所构建的模型参数的求解。

4．绘制图形

接下来，将结果绘制成图形，便于确认结果。这里使用的 np.poly1d 函数生成。具体实现代码如下。

```
f = np.poly1d(omega.flatten()[::-1])  # 生成将ω作为系数的多项式
XX = np.linspace(-4, 4, 100)
plt.xlabel('X')
plt.ylabel('y')
plt.title('trained data')
```

```
        plt.grid()
        plt.scatter(X, y, marker='x', c='red')
        plt.plot(XX, f(XX), color='green')
        plt.plot(XX, np.sin(XX), color='blue')
        plt.show()
```

程序运行结果如图 5.3 所示。

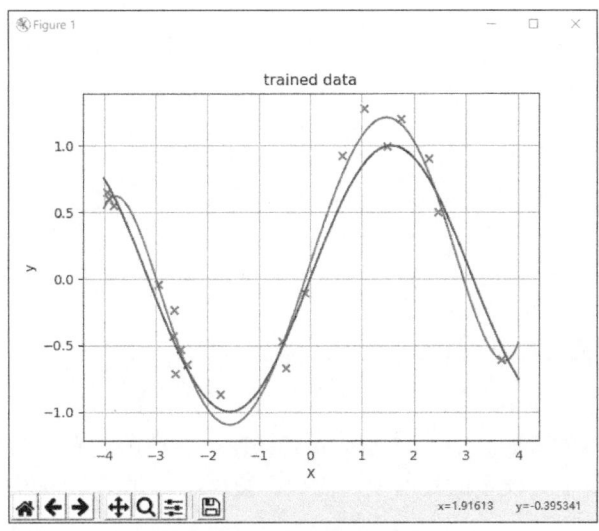

图 5.3　根据训练数据绘制图形的结果

如图所示,浅色线为之前图 5.1 所示的正弦曲线;深色曲线表示的是通过所求出的模型计算出来的正弦曲线。小叉表示的是所使用的训练数据。从图 5.3 中显示的结果来看,模型对正弦曲线实现了很好的拟合。

以上,就是训练拟合的详细过程。实际上 NumPy 中提供了可以简化这一系列操作的函数。NumPy 中可以用于生成拟合的函数是 np.polyfit,实现代码如下。

```
        omega_2 = np.polyfit(X, y, 5)
        print(omega_2)
```

程序运行结果如下。

```
        [ 0.00717782  0.00126485 -0.19609881 -0.02548818  1.17300425  0.10916452]
```

将上述生成的结果绘制成图形,代码如下。

```
        f_2 = np.poly1d(omega_2)
        f = np.poly1d(omega.flatten()[::-1])
        XX = np.linspace(-4, 4, 100)
        plt.xlabel('X')
        plt.ylabel('y')
        plt.title('using polyfitfunction')
        plt.grid()
        plt.scatter(X, y, marker='x', c='red')
        plt.plot(XX, f(XX), color='green')
        plt.plot(XX, np.sin(XX), color='blue')
        plt.show()
```

程序运行结果如图 5.4 所示。

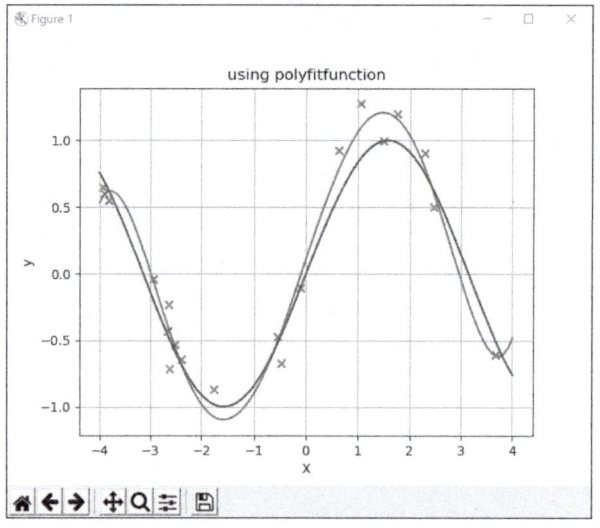

图 5.4　绘制 np.polyfit 函数拟合的结果

如图所示,浅色线为之前图 5.1 所示的正弦曲线;深色曲线表示的是通过所求出的模型计算出来的正弦曲线。小叉表示的是所使用的训练数据。对比图 5.3 和图 5.4,两种方法获得的结果基本相同。

本节使用 NumPy 实现了简单的线性回归处理。之所以选择本例作为本章最后的综合案例,一方面是因为 NumPy 库主要用于数据生成与简单处理,从本例中能充分体现这一点;另一方面是因为数据分析已经离不开机器学习了,本例选取了机器学习中相对简单的线性回归模型,展示了最简单的使用机器学习的步骤,后续内容也与机器学习相关。

本章练习

编程题

1. 执行 x=np.array([[1, 2], [3, 4]], dtype=np.float64),y = np.array([[5, 6], [7, 8]], dtype= np.float64),然后输出 x+y 和 np.add(x,y)。

2. 利用题目 1 中的 x,求值最大的下标(提示(1)print(np.argmax(x)), (2) print(np.argmax(x, axis =0)) (3)print(np.argmax(x),axis=1))。

3. 画图,y=x*x 其中 x = np.arange(0, 100, 0.1)(提示这里用到 matplotlibMatplotlib.pyplot 库)。

4. 画图。画正弦函数和余弦函数,x = np.arange(0, 3 * np.pi, 0.1)(提示:这里用到 np.sin() np.cos() 函数和 matplotlibMatplotlib.pyplot 库)。

第 6 章 用 Pandas 分析数据

Pandas 库主要用于数据处理与分析，本章主要介绍 Pandas 库的安装与使用，特别是对于一维表数据 Series 和二维表数据 DataFrame 的操作。本章最后使用 BankMarketing 数据集进行营销活动分析，以此为例，展示日常应用中的数据分析。

6.1 Pandas

6.1.1 Pandas 的由来

Pandas 的名字来源于 Pandas 最早发布的三种数据结构 Panel、DataFrame 和 Series，Pandas 这个单词就是由以上三个单词组合而成。Pandas 已经成为数据分析的基本工具，可以广泛处理各种数据。Pandas 的官网（https://pandas.pydata.org/）有相关详细介绍。

目前 Pandas 主要提供了两种数据结构。
- Series：用于处理一维表数据。
- DataFrame：用于处理二维表数据。

DataFrame 由 Series 组成，它的每一列数据都是 Series 对象。

Pandas Series 类似表格中的一个列（column），类似于一维数组，可以保存任何数据类型。

DataFrame 是一个表格型的数据结构，它含有一组有序的列，每列可以是不同的值类型（数值、字符串、布尔型值）。DataFrame 既有行索引也有列索引，它可以被看作由 Series 组成的字典（共同用一个索引）。

6.1.2 安装 Pandas 库

在 PyCharm 中运行程序，如果报错，提示"ModuleNotFoundError: No module named 'pandas'"（如图 6.1 所示），则说明系统中未安装 Pandas 库，必须先安装 Pandas 库才能使用 Pandas。安装方法与安装 Python 其他各种库的方法大同小异，具体如下。

```
D:\PyCharm_Project\venv\Scripts\python.exe D:/PyCharm_Project/demo1.py
Traceback (most recent call last):
  File "D:/PyCharm_Project/demo1.py", line 7, in <module>
    import pandas
ModuleNotFoundError: No module named 'pandas'

Process finished with exit code 1
```

图 6.1 报错信息

1. 方法1

1) 按〈WIN+R〉组合键，输入命令 cmd，再输入命令 pip install pandas，等待 Pandas 库下载完成即可。如图 6.2 所示。

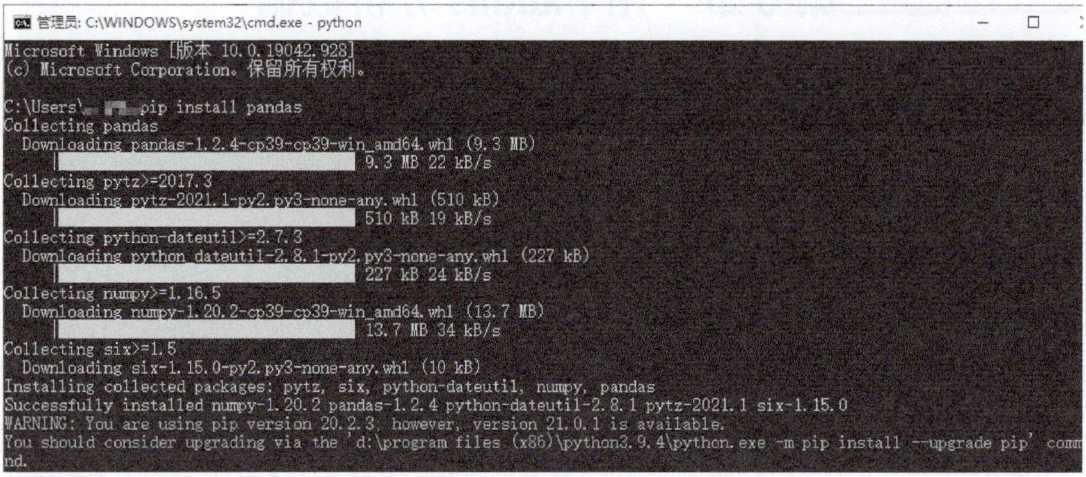

图 6.2　要求升级 pip 提示信息

2) 如果有如图 6.3 所示提示，说明 pip 的版本可能不一致，需要更新 pip 解决冲突，具体步骤为：输入 python -m ensurepip；输入 python -m pip install --upgrade pip；如图 6.4 所示；输入 python -m pip list 检查是否安装完成，如图 6.5 所示。

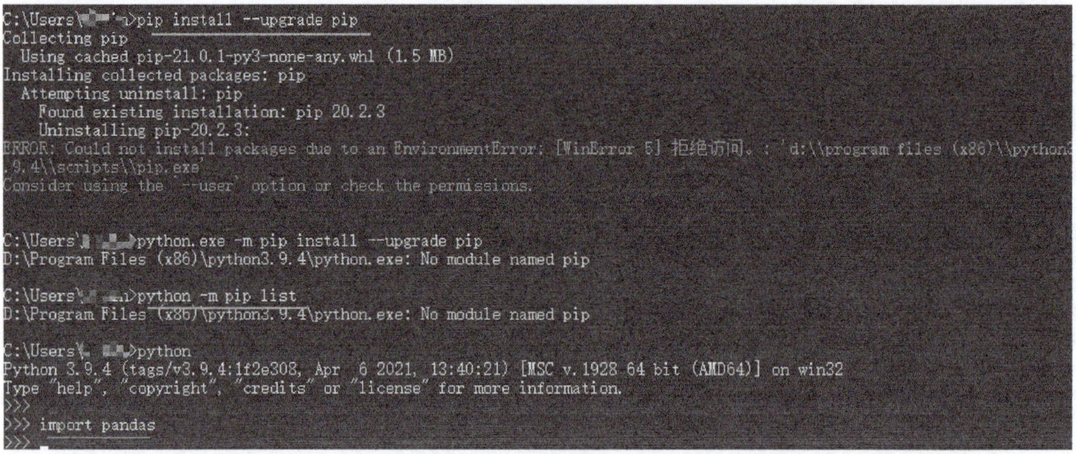

图 6.3　版本不一致的提示信息

3) 输入 python，进入 Python 解释器；输入 import pandas，看是否报错，如果不报错，说明安装成功。如图 6.6 所示。

2. 方法2

找到 Pandas 下载库直接下载，网址如下：https://www.lfd.uci.edu/~gohlke/pythonlibs/，进入网站后，使用〈Ctrl+F〉组合键，输入 Pandas，找到需要的版本下载即可。如图 6.7 所示。

图 6.4　更新版本

图 6.5　检查是否安装完成的显示结果

图 6.6　Python 解释器验证库的方法

图 6.7　Pandas 下载库的 whl 文件列表

下载后，将文件 whl 后缀改为 zip，然后复制到"D:\Program Files (x86)\python3.7.9\Lib\site-packages"，根据自己安装 Python 的路径，找到 Lib\site-packages。

最后，按〈Win+R〉键激活运行窗口，输入 cmd 进入命令行界面，输入 pip install pandas，进行安装即可。

如果前面都操作成功，也已经安装好了 Pandas，PyCharm 运行程序后还是报错，提示"ModuleNotFoundError: No module named 'pandas'"，可以采用下面方法解决。

在 PyCharm 中的 View->Tool Windows->Python Packages 中搜索 Pandas，找到后根据提示安装

（install）即可。如图 6.8～图 6.9 所示。

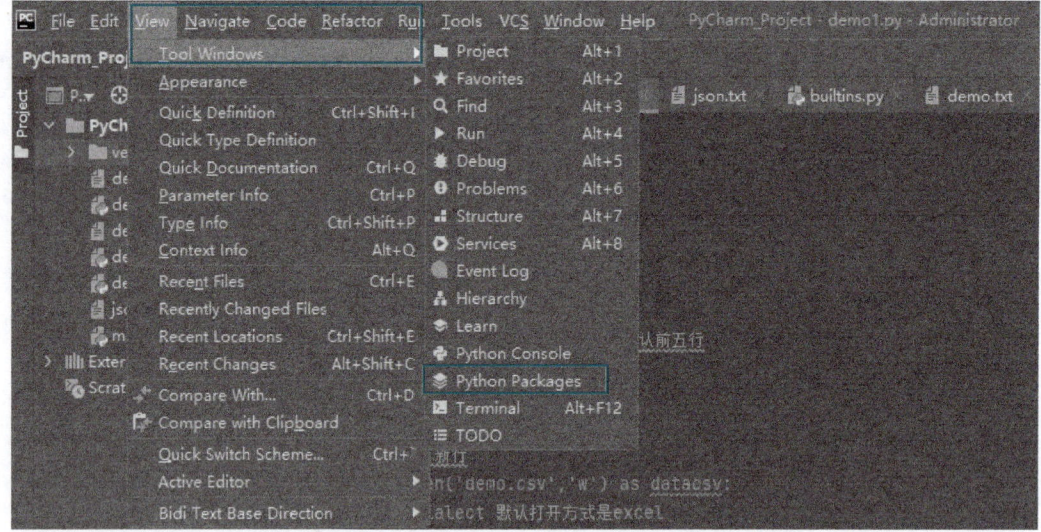

图 6.8 在 PyCharm 中显示 Python 库的菜单

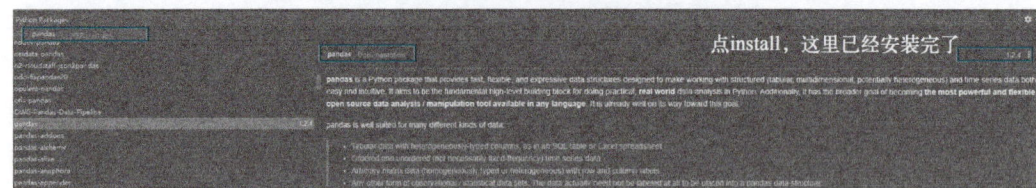

图 6.9 在 PyCharm 中安装 Pandas 库

6.2 Series

6.2.1 创建 Series 对象

Series 是一个类似于一维数组的数据结构，它能够保存任何类型的数据，比如整数、字符串、浮点数等，主要由一组数据和与之相关的索引两部分构成。

【例 6.1】 创建 Series 对象示例。

```
import pandas as pd
height_list = [185,162,171,155,191,166]
height_series = pd.Series(height_list)
print(height_series)
dic = {'T':185, 'H':162, 'B':171, 'R':155, 'M':191, 'S':166}
ser = pd.Series(dic)
print(ser)
a = pd.Series(['a','b','c'])
b = pd.Series([1,2,3])
c = pd.Series([1.0,2.0,3.0])
```

```
d = pd.Series([True,False,True])
e = pd.Series(['a',1,True])
print(a.dtype, b.dtype, c.dtype, d.dtype, e.dtype )
```

程序运行结果如下。

```
0    185
1    162
2    171
3    155
4    191
5    166
dtype: int64
T    185
H    162
B    171
R    155
M    191
S    166
dtype: int64
object int64 float64 bool object
```

6.2.2 Series 属性

Series 提供了属性信息描述其基本结构与特征。表 6.1 列出了常用的 Series 属性。

表 6.1 常用的 Series 属性

属性	说明
Series.index	系列的索引（轴标签）
Series.array	系列或索引的数据
Series.values	系列的数据，返回 ndarray
Series.dtype	返回基础数据的数据类型
Series.shape	返回基础数据形状的元组
Series.nbytes	返回基础数据占的字节数
Series.ndim	基础数据的维数，永远是 1
Series.size	返回基础数据中元素的个数
Series.T	返回转置，永远为 Series 自己
Series.memory_usage([index, deep])	返回系列的内存使用情况
Series.hasnans	如果有任何 NaN，则返回 True
Series.empty	指示 Series 是否为空
Series.dtypes	返回基础数据的数据类型
Series.name	返回系列的名称
Series.flags	获取与此 Pandas 对象关联的属性
Series.set_flags(*[,copy,⋯])	返回带有更新标志的新对象

【例 6.2】 Series 属性示例。

```
import numpy as np
```

```python
        import pandas as pd
        # 创建 ser01
        arr01 = np.arange(10, 16)
        ser01 = pd.Series(data=arr01, index=['a','b','c','d','e','f'], dtype='int16', name='class02')
        print(ser01)
        print(ser01.index)              # 索引
        print(ser01.array)              # 数组
        print(ser01.values)             # 数据
        print(ser01.dtype)              # 元素的数据类型
        print(ser01.shape)              # 形状
        print(ser01.nbytes)             # 占用多少字节
        print(ser01.ndim)               # 维度，维数，轴数，秩
        print(ser01.T)                  # 转置，是它本身
        print(ser01.memory_usage())     # 内存使用量
        print(ser01.hasnans)            # 是否有空值
        print(ser01.empty)              # 是否为空
        print(ser01.dtypes)             # 元素数据类型，同 dtype
        print(ser01.name)               # ser01 的名字
        print(ser01.flags)              # 此 Pandas 对象关联的属性
        print(ser01.set_flags())        # 返回带有更新标志的新对象
```

程序运行结果详见附件中的代码文档。

6.2.3 Series 常用方法

Series 常用方法如表 6.2 所示。

表 6.2 Series 常用方法

方法名称	简要说明
head()	返回前 n 行数据，默认显示前 5 行数据
tail()	返回后 n 行数据，默认为后 5 行
isnull()	如果为值不存在或者缺失，则返回 True
notnull()	如果值不存在或者缺失，则返回 False
reindex()	根据更改后的标签重新排序，若添加了原标签中没有的新标签，则默认填入 NaN
sort_index()	根据索引返回已排序的新对象，默认情况下返回一个新的 Series 对象，原 Series 对象不会被修改
sort_values()	根据值返回已排序的新对象，返回一个新的 Series，其值默认以升序排序，原 Series 对象不会被修改
nlargest()	返回按降序排列的最大值，它的第一个参数 n 指定返回的数量，默认值为 5
nsmallest()	返回按升序排列的最小值，默认值为 5
value_counts()	计算 Series 中每个唯一值出现的次数
max()	返回最大值
min()	返回最小值
describe()	返回 Series 对象数据总体特征，可以得到数据个数、均值、方差、最大值、最小值、百分比分位数等
loc()	通过标签或布尔数组访问一组行和列
iloc()	基于整数位置的索引
at()	访问行/列标签对的单个值
iat()	通过整数位置访问行/列对的单个值

【例 6.3】 Series 常用方法示例。

```python
import pandas as pd
import numpy as np
s = pd.Series(np.random.randn(5))
print ("The original series is:")
print (s)
# 返回前三行数据
print (s.head(3))
# 输出后两行数据
print (s.tail(2))
# None 代表缺失数据
s=pd.Series([1,2,5,None])
print(pd.isnull(s))    # 是空值返回 True
print(pd.notnull(s))   # 不是空值返回 False
s = pd.Series(np.random.rand(3),index =['a','b','c'])
s1 = s.reindex(['c','b','a','A'],fill_value =100)
print(s1)
idx ="hello world".split()
val =[1,21,None,104]
t = pd.Series(val, index = idx)
print(t.sort_index(),"<- t.count()")
print(t.sort_values(),"<- t.sort_values()")
print(t.sort_values(inplace=True),"<- t.sort_values()")
print(t.nlargest(n=3))
print(t.nsmallest(n=3))
print(t.value_counts())
print(t.max())
print(t.min())
print(t.describe())
srs = pd.Series(list('jupyter'), index=list('abcdefg'))
print(srs.iloc[2: 4])
print(srs.loc['c': 'e'])
print(srs.at['d'])
print(srs.iat[2])
```

程序运行结果详见附件中的代码文档。

6.2.4　Series 对象数据绘图

Pandas 对绘图库 Matplotlib 进行了封装，对 Series 对象数据进行绘图步骤极其简单，后续章节会详细介绍 Matplotlib，这里仅做简要介绍。

【例 6.4】 Series 对象数据可视化示例。

```python
import numpy as np
from pandas import Series,DataFrame
import matplotlib.pyplot as plt
# 生成1000个随机数，并累加
s1 = Series(np.random.randn(1000)).cumsum()
s2 = Series(np.random.randn(1000)).cumsum()
# 画 Series 数据
```

```
s1.plot(kind='line', grid=True, label='s1', title='This is Series', style='--')
s2.plot(label='s2')
# 显示label
plt.legend()
plt.show()
fig, ax = plt.subplots(2,1)
ax[0].plot(s1)
ax[1].plot(s2)
plt.show()
# 画子图，指定参数
fig, ax = plt.subplots(2,1)
s1[0:10].plot(ax=ax[0], label='s1',kind='bar')
s2.plot(ax=ax[1], label='s2')
plt.show()
```

程序运行结果如图 6.10～图 6.12 所示。

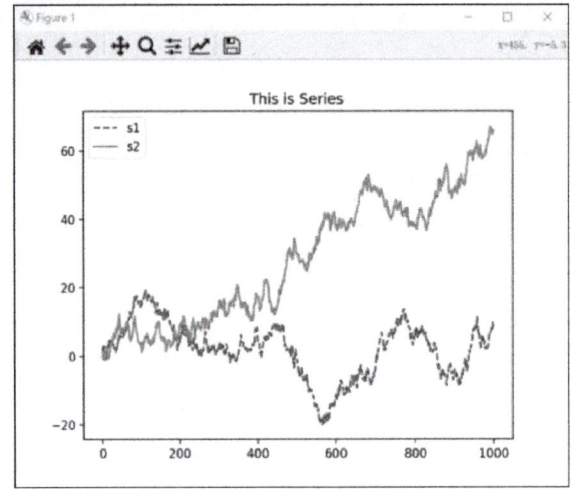

图 6.10　折线图 1

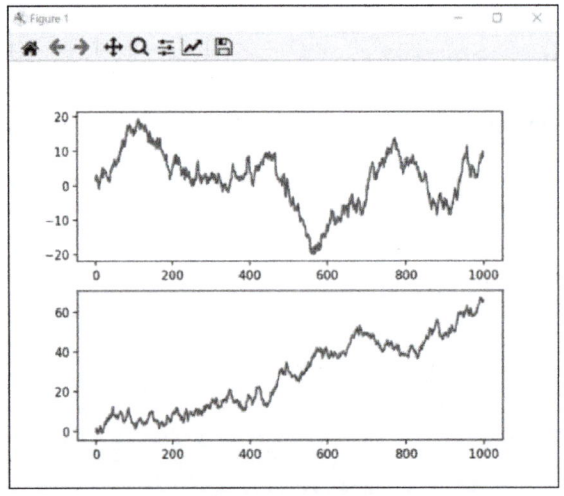

图 6.11　折线图 2

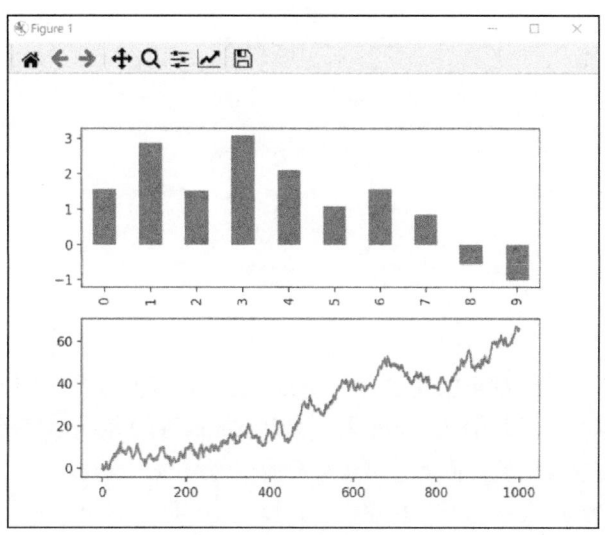

图 6.12　柱状图与折线图

6.3　DataFrame

6.3.1　DataFrame 的概念

DataFrame 是 Pandas 的重要数据结构之一，也是在使用 Pandas 进行数据分析过程中最常用的数据结构之一，掌握了 DataFrame 的用法，就拥有了进行数据分析的基本能力。

DataFrame 是一个表格型的数据结构，既有行标签（index），又有列标签（columns），它也被称异构数据表，所谓异构，指的是表格中每列的数据类型可以不同，比如，可以是字符串、整型或者浮点型等。DataFrame 的结构示意图如图 6.13 所示。

index	name	age	gender	rating
0	小明	28	男	3.4
1	小华	29	女	4.6
2	小亮	30	男	3.5
3	小红	26	女	2.9

图 6.13　DataFrame 的结构示意图

图中表格展示了某个销售团队个人信息和绩效评级（rating）的相关数据。数据以行和列形式来表示，其中每一列表示一个属性，而每一行表示一个条目的信息。图 6.14 展示了上述表格中每一列标签所描述数据的数据类型。

Column	Type
name	String
age	integer
gender	String
rating	Float

图 6.14　数据类型

DataFrame 的每一行数据都可以看成一个 Series 结构，只不过，DataFrame 为这些行中每个数据值增加了一个列标签。因此 DataFrame 其实是从 Series 的基础上演变而来的。在数据分析任务中 DataFrame 的应用非常广泛，因为它描述数据的更为清晰、直观。

同 Series 一样，DataFrame 自带行标签索引，默认为"隐式索引"即从 0 开始依次递增，行标签与 DataFrame 中的数据项一一对应。上述表格的行标签从 0 到 5，共记录了 5 条数据（图中将行标签省略）。当然你也可以用"显式索引"的方式来设置行标签。

下面对 DataFrame 数据结构的特点做简单地总结。
- DataFrame 每一列的标签值允许使用不同的数据类型。
- DataFrame 是表格型的数据结构，具有行和列。
- DataFrame 中的每个数据值都可以被修改。
- DataFrame 结构的行数、列数允许增加或者删除。
- DataFrame 有两个方向的标签轴，分别是行标签和列标签。
- DataFrame 可以对行和列执行算术运算。

6.3.2　创建 DataFrame 对象

对比 Series 这种一维数据结构，DataFrame 是二维数据结构，因此创建 DataFrame 对象时，需要指定两个维度的内容。

【例 6.5】创建 DataFrame 对象示例。

```
import pandas as pd
df = pd.DataFrame()
print(df)
data = [1,2,3,4,5]
df = pd.DataFrame(data)
print(df)
data = [['Alex',10],['Bob',12],['Clarke',13]]
df = pd.DataFrame(data,columns=['Name','Age'])
print(df)
data = {'Name':['Tom', 'Jack', 'Steve', 'Ricky'],'Age':[28,34,29,42]}
df = pd.DataFrame(data)
print(df)
data = [{'a': 1, 'b': 2},{'a': 5, 'b': 10, 'c': 20}]
df1 = pd.DataFrame(data, index=['first', 'second'], columns=['a', 'b'])
```

```
df2 = pd.DataFrame(data, index=['first', 'second'], columns=['a', 'b1'])
print(df1)
print(df2)
d = {'one' : pd.Series([1, 2, 3], index=['a', 'b', 'c']),
 'two' : pd.Series([1, 2, 3, 4], index=['a', 'b', 'c', 'd'])}
df = pd.DataFrame(d)
print(df)
```

程序运行结果如下。

```
Empty DataFrame
Columns: []
Index: []
   0
0  1
1  2
2  3
3  4
4  5
    Name  Age
0   Alex   10
1    Bob   12
2 Clarke   13
    Name  Age
0    Tom   28
1   Jack   34
2  Steve   29
3  Ricky   42
        a   b
first   1   2
second  5  10
        a   b1
first   1  NaN
second  5  NaN
   one  two
a  1.0    1
b  2.0    2
c  3.0    3
d  NaN    4
```

6.3.3 DataFrame 的属性

DataFrame 的属性和方法与 Series 相差无几，如表 6.3 所示。

表 6.3 常用的 DataFrame 属性

属性	说明
T	行和列转置
axes	返回一个仅以行轴标签和列轴标签为成员的列表
dtypes	返回每列数据的数据类型
empty	DataFrame 中没有数据或者任意坐标轴的长度为 0，则返回 True

(续)

属性	说明
ndim	轴的数量，也指数组的维数
shape	返回一个元组，表示了 DataFrame 维度
size	DataFrame 中的元素数量
values	使用 NumPy 数组表示 DataFrame 中的元素值
head()	返回前 n 行数据
tail()	返回后 n 行数据
shift()	将行或列移动指定的步幅长度

【例 6.6】 DataFrame 属性示例。

```
import pandas as pd
d = {'Name':pd.Series(['c 语言','编程帮',"百度",'360 搜索','谷歌','微学苑','Bing 搜索']),
     'years':pd.Series([5,6,15,28,3,19,23]),
     'Rating':pd.Series([4.23,3.24,3.98,2.56,3.20,4.6,3.8])}
# 构建 DataFrame
df = pd.DataFrame(d)
# 输出 series
print(df)
# 输出 DataFrame 的转置
print(df.T)
# 输出行、列标签
print(df.axes)
# 输出行、列标签
print(df.dtypes)
# 判断输入数据是否为空
print(df.empty)
# DataFrame 的维度
print(df.ndim)
# DataFrame 的形状
print(df.shape)
# DataFrame 中的元素个数
print(df.size)
# DataFrame 的数据
print(df.values)
# 获取前 3 行数据
print(df.head(3))
# 获取后 2 行数据
print(df.tail(2))
info= pd.DataFrame({'a_data': [40, 28, 39, 32, 18],
'b_data': [20, 37, 41, 35, 45],
'c_data': [22, 17, 11, 25, 15]})
# 移动幅度为 3
print(info.shift(periods=3))
# 将缺失值和原数值替换为 52
print(info.shift(periods=3,axis=1,fill_value= 52))
```

程序运行结果如下。

```
      Name  years  Rating
0     c 语言      5    4.23
1     编程帮      6    3.24
2      百度     15    3.98
3   360 搜索    28    2.56
4      谷歌      3    3.20
5     微学苑     19    4.60
6    Bing 搜索   23    3.80
              0       1       2        3      4      5        6
Name       c 语言    编程帮    百度    360 搜索   谷歌    微学苑    Bing 搜索
years         5       6      15       28      3      19       23
Rating      4.23    3.24    3.98    2.56    3.2    4.6      3.8
[RangeIndex(start=0, stop=7, step=1), Index(['Name', 'years', 'Rating'], dtype='object')]
Name       object
years       int64
Rating    float64
dtype: object
False
2
(7, 3)
21
[['c 语言' 5 4.23]
 ['编程帮' 6 3.24]
 ['百度' 15 3.98]
 ['360 搜索' 28 2.56]
 ['谷歌' 3 3.2]
 ['微学苑' 19 4.6]
 ['Bing 搜索' 23 3.8]]
    Name  years  Rating
0   c 语言      5    4.23
1   编程帮      6    3.24
2    百度     15    3.98
     Name  years  Rating
5    微学苑     19    4.6
6   Bing 搜索   23    3.8
   a_data  b_data  c_data
0     NaN     NaN     NaN
1     NaN     NaN     NaN
2     NaN     NaN     NaN
3    40.0    20.0    22.0
4    28.0    37.0    17.0
   a_data  b_data  c_data
0      52      52      52
1      52      52      52
2      52      52      52
3      52      52      52
4      52      52      52
```

6.3.4　DataFrame 索引和切片

DataFrame 数据对象可以通过 index 和 columns 指定索引名称，此外，DataFrame 还有一些常见的数据切片函数，如表 6.4 所示。

表 6.4 DataFrame 常见的数据切片函数

函数名称	简要说明
loc()	通过标签或布尔数组访问一组行和列
iloc()	基于整数位置的索引
at()	访问行/列标签对的单个值
iat()	通过整数位置访问行/列对的单个值

【例 6.7】 DataFrame 索引和切片操作示例。

```python
import numpy as np
import pandas as pd
a = pd.DataFrame(np.arange(10).reshape(2, 5))
print(a)
b = pd.DataFrame(np.arange(10).reshape(2, 5), index=list("ab"), columns=list("qwxyz"))
print(b)
temp_dict = {"name": ["yangwj", "ywj"], "age": [28, 29], "tel": ["", ""]}
c = pd.DataFrame(temp_dict)
print(c)
print(a[1:3])
print(b["x"])
print(a.loc[[0,1]])
print(b.loc[:,['x','z']])
print(a.iloc[0:1])
print(b.at['a', 'w'])
print(b.iat[1, 2])
```

程序运行结果如下。

```
   0  1  2  3  4
0  0  1  2  3  4
1  5  6  7  8  9
   q  w  x  y  z
a  0  1  2  3  4
b  5  6  7  8  9
     name  age tel
0  yangwj   28
1     ywj   29
   0  1  2  3  4
1  5  6  7  8  9
a    2
b    7
Name: x, dtype: int32
   0  1  2  3  4
0  0  1  2  3  4
1  5  6  7  8  9
   x  z
a  2  4
b  7  9
   0  1  2  3  4
```

```
0  0  1  2  3  4
1
7
```

6.3.5 DataFrame 数据分析

使用 DataFrame 进行数据处理的目的是为了分析数据，本节对 rz.xlsx 文件（随书配套资源）中的数据进行了简单的统计分析，例如，计算某种属性的均值、做分类汇总等。

【例 6.8】 DataFrame 数据分析示例。

```
import numpy
from pandas import read_excel
import pandas
df = read_excel('rz.xlsx')
print(df)
print(df.groupby(by=['班级','性别'])['军训'].agg([('总分', numpy.sum),('人数', numpy.size),('平均>值', numpy.mean),('方差', numpy.var),('标准差', numpy.std),('最高分', numpy.max),('最低分', numpy.min)]))
labels=['450及其以下','450到500','500及其以上']     # 给三段数据贴标签
print(labels)
bins = [min(df.总分)-1,450,500, max(df.总分)+1]       # 将数据分成三段
print(bins)
zffc = pandas.cut(df.总分,bins,labels=labels)
print(zffc)
df['总分分层']= zffc
print(df)
print(df.groupby(by=['总分分层'])['总分'].agg([('人数', numpy.size)]))
from pandas import pivot_table      # 在 spyder 下也可以不导入
df = read_excel('rz.xlsx')
bins = [min(df.总分)-1,450,500,max(df.总分)+1]
labels=['450及其以下','450到500','500及其以上']
zffc = pandas.cut(df.总分,bins,labels=labels)
df['总分分层']= zffc
print(df.pivot_table(values=['总分'],index=['总分分层'], columns=['性别'], aggfunc=[numpy.size,numpy.mean]))
print(df.pivot_table(values=['总分'],index=['总分分层'],columns=['性别'], aggfunc=[numpy.size,numpy.mean],fill_value=0))
df_pt = df.pivot_table(values=['总分'], index=['班级'], columns=['性别'], aggfunc=[numpy.sum])
print(df_pt)
print(df_pt.sum())
print(df_pt.div(df_pt.sum(axis=1),axis=0))              # 按列占比
print(df_pt.sum(axis=1))
print(df_pt.div(df_pt.sum(axis=0),axis=1))              # 按行占比
print(df_pt.sum(axis=0))                                # 效果同省略
```

程序运行结果详见附件中的代码文档。

6.3.6 DataFrame 对象数据可视化

Pandas 对绘图库 Matplotlib 进行了封装，对 DataFrame 对象数据进行绘图步骤极其简单，本

例制作了饼状图、散点图、折线图和柱状图。

【例 6.9】 DataFrame 对象数据可视化示例。

```python
import numpy as np
import pandas as pd
import matplotlib.pyplot as plt
df = pd.read_excel('rz.xlsx')
print(df)
gb=df.groupby(by=['班级'])['学号'].agg([('人数',np.size)])
plt.pie(gb.人数, labels=gb.index, autopct='%.2f%%', colors=['b', 'pink', (0.5, 0.8, 0.3)], explode=[0, 0.2, 0])
plt.show()
gb=df.groupby(by=['班级'])['学号'].agg([('人数',np.size)])
plt.plot(df.英语,df.数分,'.',color='g')
plt.xlabel('英语')
plt.xlabel('数分')
plt.plot(df.高代,df.数分,'o',color='pink')
plt.show()
plt.plot(df.高代,df.数分,'-',color='pink')           # 连线
plt.show()
df['学号后三位']=df.学号.astype(str).str.slice(-3,)
plt.bar(df.学号后三位,df.总分,width=1,color=['r','b'])   # 柱形图
plt.xticks(rotation=60)
plt.show()
plt.barh(df.学号后三位,df.总分,0.6,color=['r','b'])      # 条形图
plt.show()
plt.hist(df.英语,bins=10,color='g',cumulative=False)
plt.hist(df.英语,bins=10,color='g',cumulative=True)
plt.show()
```

程序运行结果如图 6.15~图 6.20 所示，更详细内容参见随书配套资源中的代码文档。

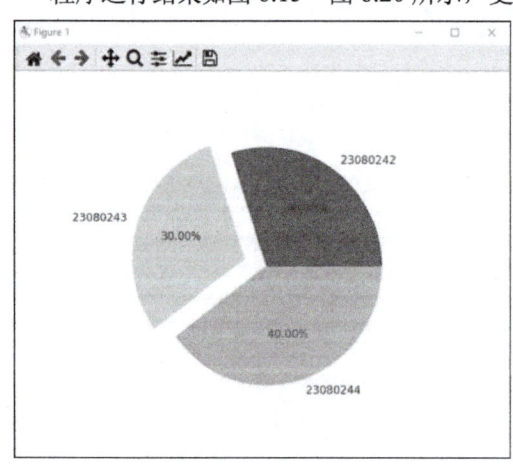

图 6.15　饼状图

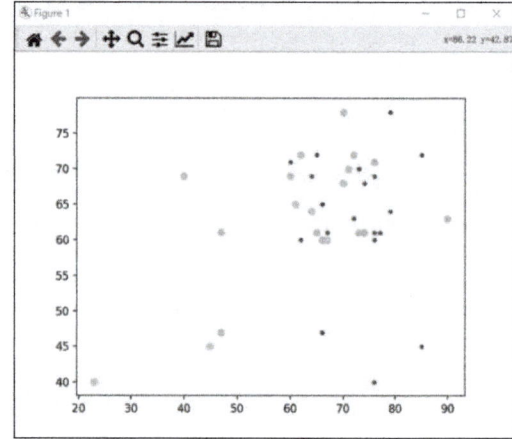

图 6.16　散点图

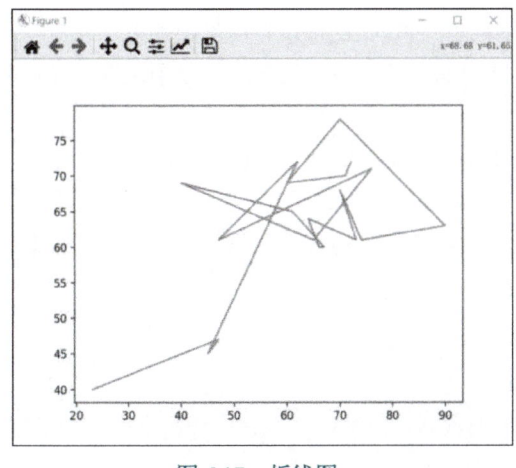

图 6.17　折线图

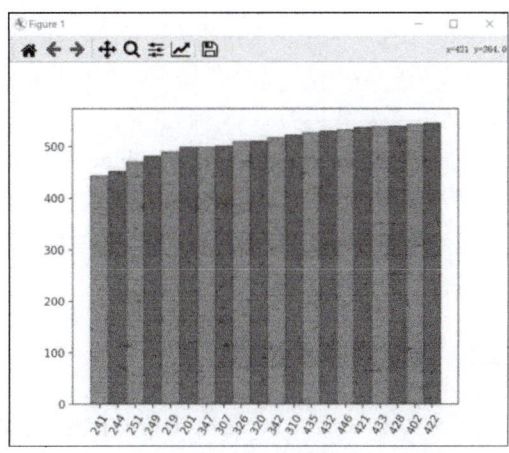

图 6.18　柱状图 1

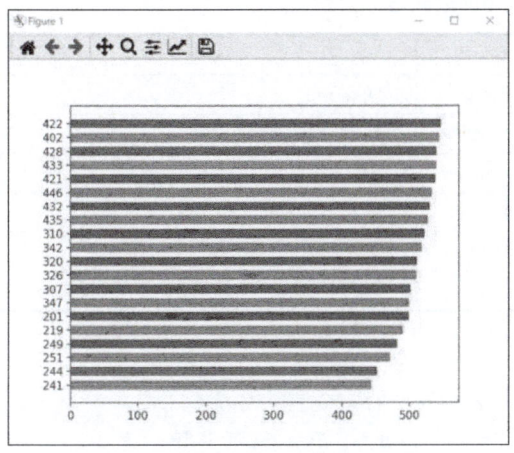

图 6.19　柱状图 2

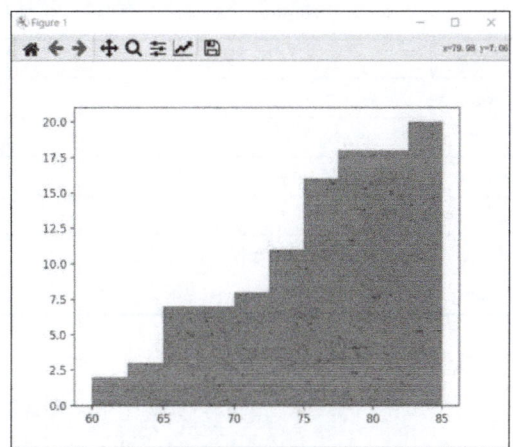

图 6.20　柱状图 3

6.4　基于 BankMarketing 数据集的营销活动分析

下面将使用加利福尼亚大学尔湾分校的 Machine Learning Repository 公布的 BankMarketing DataSet，执行基本的数据分析任务。本数据集中收录了一家葡萄牙银行对 4 万多个现有客户进行电话营销获得的相关数据，本例对这些营销数据进行分析，并将分析结果数据可视化展示。

6.4.1　数据集概述和数据结构

本数据集大致包含与 4 个项目相关的值。第一项是与电话营销对象，即银行现有客户相关的数据。第二项是向每位客户进行电话营销中与最后联系时间相关的数据。第三项是其他信息，其中包含电话营销活动中对各目标客户的联系次数或电话营销活动的结果等相关的数据。第四项与电话营销本身的数据不同，其中包含每月消费者物价指数或欧洲银行间交易利率表示社会和经济背景的数据。

除了上述 4 项电话营销相关的数据，还包含了针对每位客户的电话营销结果的值。本数据集中的电话营销活动是指银行鼓励现有客户开设定期账户的活动。表示结果的变量中保存了成功和失败的值。数据集的 URL 地址为：

https://archive.ics.uci.edu/ml/machine-learning-databases/00222/bank-additional.zip。

压缩包中的文件 bank-additional-full.csv 收录了电话营销活动的现有 41188 位目标客户的数据。其中包括客户的年龄和职业等个人信息，以及电话营销活动的最后联系时间约 21 列数据。列 y 包含了活动的结果。

6.4.2 数据的基本信息

虽然文件 bank-additional-full.csv 中包含了约 21 列数据，但是，本项目中使用 Pandas 只对其中 12 列数据进行基本的数据分析，具体如表 6.5 所示。

表 6.5 本项目使用的数据列

列标签	说明	列标签	说明
age	年龄	contact	联系方式
job	职业	month	最后取得联系的月份
marital	婚姻状况	day_of_week	最后取得联系的工作日
education	学历	duration	最后取得联系的通话时间（s）
default	是否存在债务不履行	campaign	该活动中的联系次数
housing	有无房贷	y	该活动（申请办理定期存款账户）成功与否

数据筛选与复制的代码如下。

```
use_cols = ['age','job','marital','education','default','housing',
            'contact','month','day_of_week','duration','campaign','y']
df = df[use_cols].copy()
print(df.shape)
```

这里将对数据集中是否包含缺失值进行确认。使用 DataFrame 对象的 isna()方法和 sum()方法对每列中缺失值的个数进行显示。代码如下。

```
print(df.isna().sum())
```

接下来，将对重复值进行确认。使用 DataFrame 对象的 duplicated()方法可以将每行中所有的值为重复值时返回 True，其余情况则返回 False 值的 Series 对象。代码如下。

```
print(df.duplicated().sum())
```

6.4.3 客户数据分析

使用 Series 对象的 value_counts()方法可以查看客户相关数据的统计信息，代码如下。

```
print(df['job'].value_counts())
```

对客户的学历信息制作柱状统计图的代码如下。

```
df['education'].value_counts().plot(kind='bar')
plt.show()
```

对客户的婚姻信息制作饼状图的代码如下。

```
df['marital'].value_counts().plot(kind='pie', figsize=(5,5))
plt.show()
```

对客户的有无房贷和是否存在债务不履行,以及表示活动成功与否的每列使用横向条形图进行数据可视化处理,代码如下。

```
cnt = df[['default','housing','y']].apply(pd.Series.value_counts)
print(cnt)
cnt.T.plot(kind='barh')
plt.show()
print(df['age'].describe())
df['age'].value_counts().sort_index().plot(kind='bar', figsize=(15,3))
plt.show()
```

虽然上述内容只是基本的数据分析任务,但是可以对本数据集中客户的年龄、职业及学历等趋势有大致的掌握。

6.4.4 营销活动数据分析

每位客户的联系方式以字符串的形式保存在了列 contact 中。使用 value_counts()方法对列 contact 值的频率进行确认,代码如下。

```
print(df['contact'].value_counts(dropna=False))
```

列 duration 中显示的是最后取得联系的通话时间,列 campaign 中输入的是该活动中的联系次数。由于是数值数据,因此这里使用 describe()方法对概括统计量进行确认。

```
print(df[['duration', 'campaign']].describe())
print(df[df['duration'] > 4000])
df['duration_bins'] = pd.cut(df['duration'], 5)
print(df['duration_bins'].value_counts())
```

为了对列 duration 的值和电话营销活动成功与否的相关性进行确认,使用 groupby()方法对列 duration_bins 和列 y 进行分组。使用 groupby 对象的 size()方法可以计算每组的大小,代码如下。

```
grouped = df.groupby(['duration_bins','y'])[['y']].size()
print(grouped)
print(grouped.reset_index().pivot(index='duration_bins', columns='y', values=0))
```

使用 value_counts()方法和 plot()方法以横向条形图的形式对 month 和 day_of_week 进行数据可视化处理,代码如下。

```
df['month'].value_counts().plot(kind='barh')
plt.show()
df['day_of_week'].value_counts().plot(kind='barh')
plt.show()
```

6.4.5 完整代码及运行结果

【例 6.10】 数据分析示例——基于 BankMarketing 数据集。

```python
import pandas as pd
import matplotlib.pyplot as plt
file = 'bank-additional-full.csv'
df = pd.read_csv(file, sep=';', engine='python')
print(df.head())
print(df.shape)
use_cols = ['age','job','marital','education','default','housing',
            'contact','month','day_of_week','duration','campaign','y']
df = df[use_cols].copy()
print(df.shape)
print(df.info())
print(df.isna().sum())
print(df.duplicated().sum())
print(df[df.duplicated(keep=False)][0:2])
df.drop_duplicates(keep='first', inplace=True)
print(df.shape)
print(df['job'].value_counts())
df['education'].value_counts().plot(kind='bar')
plt.show()
df['marital'].value_counts().plot(kind='pie', figsize=(5,5))
plt.show()
cnt = df[['default','housing','y']].apply(pd.Series.value_counts)
print(cnt)
cnt.T.plot(kind='barh')
plt.show()
print(df['age'].describe())
df['age'].value_counts().sort_index().plot(kind='bar', figsize=(15,3))
plt.show()
def success_rate(col):
    grouped = df.groupby([col, 'y'])
cnt = grouped['y'].count()
cnt.name = 'count'
cnt = cnt.reset_index()
cnt = cnt.pivot(index=col, columns='y', values='count')
cnt['per'] = round(cnt['yes'] / cnt.sum(axis=1) * 100, 2)
    return cnt.sort_values(by='per', ascending=False)
print(success_rate('education'))
print(success_rate('job'))
print(success_rate('marital'))
print(df['contact'].value_counts(dropna=False))
print(df[['duration', 'campaign']].describe())
print(df[df['duration'] > 4000])
df['duration_bins'] = pd.cut(df['duration'], 5)
print(df['duration_bins'].value_counts())
grouped = df.groupby(['duration_bins','y'])[['y']].size()
print(grouped)
print(grouped.reset_index().pivot(index='duration_bins', columns='y', values=0))
```

```
df['month'].value_counts().plot(kind='barh')
plt.show()
df['day_of_week'].value_counts().plot(kind='barh')
plt.show()
print(success_rate('month'))
print(success_rate('day_of_week'))
```

运行结果如图 6.21～图 6.26 所示。图 6.21 对于客户的教育程度与工作的关系进行了柱状图统计，从结果看受教育程度最高的是大学本科。图 6.22 对于婚姻状况进行了饼状图统计，从结果看，占比从高到低依次为：已婚、单身和离异。图 6.23 对'default','housing','y'进行了柱状图统计对比。图 6.24 对年龄进行柱状图统计，从结果看，最高值基本集中在 30～40 之间。图 6.25、图 6.26 分别对月份数据、星期数据进行了柱状图统计，从结果看这个数据集中营销的旺季分别在五月和周四。

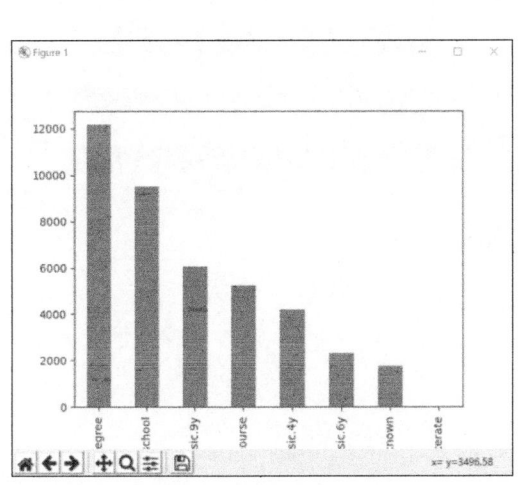

图 6.21 柱状图 1

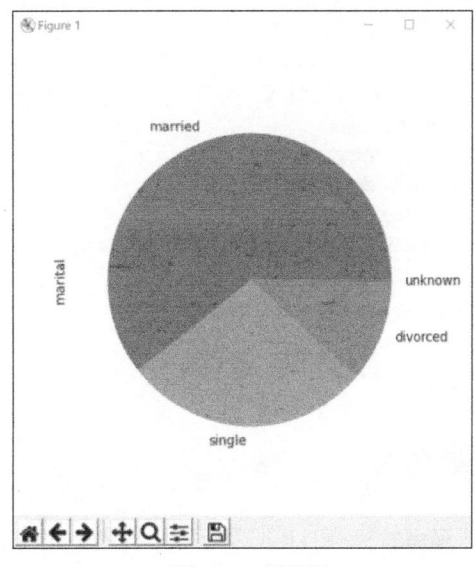

图 6.22 饼状图

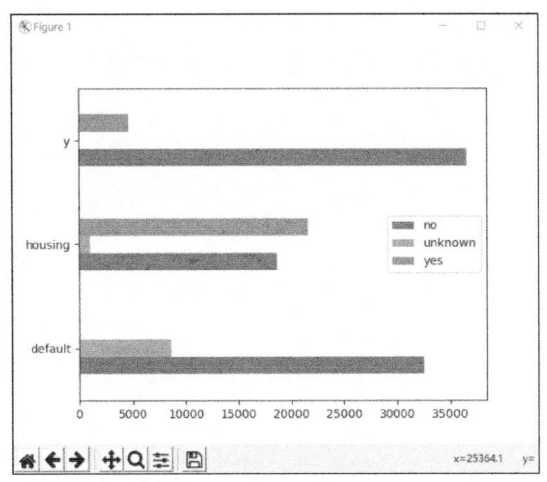

图 6.23 柱状图 2

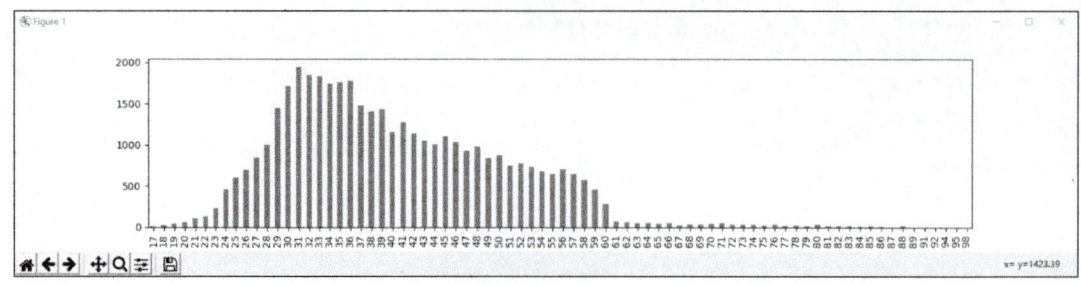

图 6.24 柱状图 3

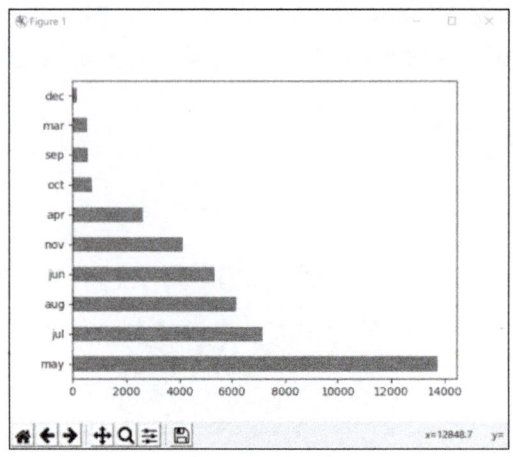

图 6.25 柱状图 4

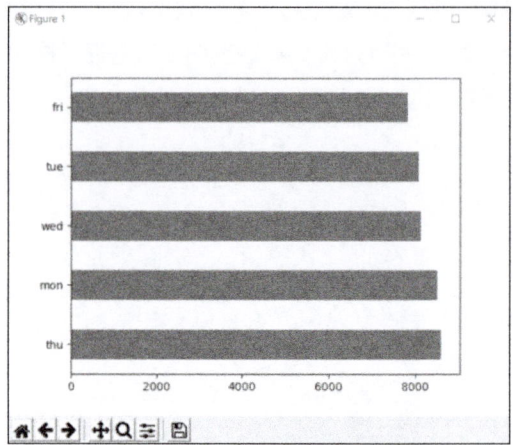

图 6.26 柱状图 5

本章练习

编程题

1. 从列表创建 Series。
2. 从 NumPy 数组创建 DataFrame。
3. 编写一个全数值 DataFrame，每个数字减去该行的平均数。

第 7 章 Scikit-learn 机器学习基础

Scikit-learn 是基于 Python 语言的机器学习框架,其 API 设计非常优秀,对象的接口简单易用,它提供了数十种内置的机器学习算法和模型,称为评估器,也称为预估器、估计器。每一个模型评估器都可以用它的拟合方法 fit() 来拟合训练数据,从而构建合适的模型。

本章介绍使用 Scikit-learn 的基础知识,帮助读者初步掌握 Scikit-learn 的使用方法,能够灵活地运用于实践。

7.1 机器学习的算法和模型

作为一门交叉学科,机器学习涉及统计学、信息论、计算机科学等多个学科领域。其中,算法和模型是机器学习领域最为重要的两个概念。

算法是机器学习中表示模型计算过程的一种方法。机器学习算法分为监督学习算法和非监督学习算法两种。监督学习算法以已知标签的示例数据为输入,自动构造出一个从输入到输出的映射函数。常见的监督学习算法有决策树、神经网络、支持向量机等。非监督学习算法则通常将输入数据映射到一个低维度的特征空间,并自动发现数据内部的结构和规律。常见的非监督学习算法有 K-Means、PCA 等。分类和回归是有监督学习中主要的两类算法问题。

在机器学习中,常用的模型包括线性回归、逻辑回归、朴素贝叶斯、决策树、随机森林、神经网络等。这些模型是机器学习算法所构造的数学模型,用于表达数据的统计规律和概率分布。模型会随着训练数据的不断输入,不断更新自己的参数和目标函数,从而提升模型的预测能力。

线性回归是一种经典的机器学习模型,用于建立输入值和输出值之间的线性关系。它的目标是寻找一个最优的线性回归参数,使得输入变量和输出变量之间的误差最小化。逻辑回归则是一种常用的分类模型,与线性回归相似,但它用于解决离散型输出变量的分类问题。朴素贝叶斯是一种基于贝叶斯公式的分类器,它假设输入变量之间相互独立,然后利用贝叶斯公式计算输出变量概率。决策树是一种以树状图模式展现的分类问题处理方法,并可在过程中产生相应的学习树。随机森林是一种集成式学习方法,使用 Bootstrap 采样技术和随机特征子集选择的策略,学习多个随机决策树模型,并将其简单集成为一个强分类模型。神经网络是一种用于建立输入变量和输出变量之间复杂非线性关系的模型。

不同的机器学习算法和模型选择,取决于解决的问题类型和数据属性。例如,如果输入数据是一张图片,我们可以使用卷积神经网络进行分类;如果输入数据是文本,我们可以使用朴素贝叶斯进行分类。在实践中,人们常常采用多种不同的算法和模型进行比较和验证,以找到最优的解决方案。

除了算法和模型,还有一些用于优化模型的工具和方法。其中最基础的是梯度下降算法,它是一种求解目标函数最小值的优化算法。梯度下降算法在神经网络中被广泛应用。

总之，机器学习中的算法和模型是机器学习的基础和核心。算法和模型的选择影响到机器学习的准确性和效率，在实践中，需要结合实际需求，对输入数据和算法模型进行仔细分析和选择。

7.1.1 特征变量和目标变量

特征变量是一个可量化的指标，是所研究对象的一个特征。特征变量也称为自变量，通常用 x 表示。一个机器学习问题往往需要数十个甚至上百、上千个特征变量作为输入变量，这些特征变量是以样本数据的形式出现在数据集中的。我们经常把一个样本数据称为一个特征向量，通常用 X 表示。

在有监督机器学习问题中，除了特征变量外，还有一个或多个目标变量。从业务角度看，目标变量就是解决问题的目标。在分类问题中，由于目标变量的取值往往是对应类别字符串的取值，是研究对象"标签化"，所以目标变量也称为标签变量，或者直接称为标签；也称为事实变量。通常用 y 表示单个目标变量，而用 Y 表示所有的目标变量。另外，由于目标变量的预测值取决于特征变量，所以它也称为依赖变量，或称为因变量、输出变量、响应变量。

7.1.2 模型训练

在机器学习中，模型训练是指通过数据驱动的方式，让算法自动学习数据中的潜在规律或模式，从而构建一个能够对新数据进行预测或决策的数学模型的过程。其核心目标是让模型从输入数据中提取特征并调整自身参数，以最小化预测结果与真实结果之间的误差。

在现实任务中，往往有多种算法可供选择，那么应该选择哪一种算法才是最适合的呢？我们希望得到的是泛化误差小的学习器，理想的解决方案是对模型的泛化误差进行评估，然后选择泛化误差最小的那个学习器。但是，泛化误差指的是模型在所有新样本上的适用能力，我们无法直接获得泛化误差。因此，通常采用一个"测试集"来测试学习器对新样本的判别能力，然后以"测试集"上的"测试误差"作为"泛化误差"的近似。所以，这个过程就是选择模型、选择数据、模型训练、模型测试、检验测试结果，如果结果符合预期，说明模型能够达到预期，否则可能存在不足。

接下来，介绍模型训练的过程。

1. 参数调优

在机器学习中，超参数是模型训练前由人工预先设定的参数，用于控制模型的整体行为、结构或训练过程的优化策略。它们不通过数据学习得到，而是需要通过实验、经验或自动调优方法来确定。超参数直接影响模型的性能、训练效率和泛化能力。通过合理设置超参数，可以使模型在训练数据上高效学习，同时保持良好的泛化能力，这是构建高性能机器学习模型的关键步骤之一。超参数本质上是机器学习算法的参数，直接影响学习过程和预测性能。由于没有"一刀切"的超参数设置，可以普遍适用于所有数据集，因此需要进行超参数优化（也称为超参数调整或模型调整）。所以，模型训练应该从超参数的设置开始。

2. 特征选择

顾名思义,特征选择就是从最初的大量特征中选择一个特征子集的过程。除了实现高精度的模型外,机器学习模型构建最重要的一个方面是获得可操作的见解,为了实现这一目标,从大量的特征中选择出重要的特征子集非常重要。

特征选择任务本身就可以构成一个全新的研究领域,在这个领域中,大量的努力都是为了设计新颖的算法和方法。

3. 数据集划分

在机器学习中,通常将数据集划分为训练集、测试集和验证集三部分。其目的是为了在训练过程中评估模型的准确性和泛化能力。以下是各种数据集划分的具体介绍。

(1) 训练集

训练集是机器学习模型用来进行训练的数据样本。它是样本集的一部分,用来训练模型参数。训练集的数据量直接影响模型的参数数量和训练时长。通常情况下,训练集的数据量越大,模型的泛化能力就越好。因此,一般会将样本数据按照一定比例(如 7∶3、8∶2 等)随机划分为训练集和测试集。

(2) 测试集

测试集是用来测试模型泛化能力的样本集,和训练集一样,从全样本中随机划分。测试集是用来评估模型对新样本的预测准确率。测试集应该与训练集没有交集,且包含所有可能的样本。

(3) 验证集

验证集是用于模型选择的样本集,与训练集和测试集有交集。它主要用于通过调节不同的超参数来找到最合适的模型。这种划分方式主要用于需要调参的场景,如神经网络。

4. 训练集选择的算法

在机器学习中,训练集的选择对于模型的准确性有很大的影响。以下是选择训练集的相关算法。

(1) 重采样

重采样是一种常见的训练集选择算法。它的基本思想是通过对样本的多次重复采样来扩大训练集的规模,从而提高模型的性能。重采样的方法主要包括有放回采样和无放回采样两种。

(2) 过采样

过采样是在训练集中采用一定的策略,增加某些类别的样本数量,从而让模型更加关注这些类别。过采样算法的具体实现有 SMOTE 算法、ADASYN 算法等。在不平衡数据集中,过采样算法可以显著提高模型的预测准确率。

(3) 普通下采样

普通下采样是最常见的训练集选择算法之一。它的基本思想是在训练集中去除一些样本,以达到均衡各个类别的目的。但是,不完全的下采样也可能导致信息损失和准确性的下降。

(4) 随机背景采样

在机器学习中,负样本是指与目标类别(正样本)无关或相反的样本,用于帮助模型学习区分不同类别或模式。负样本的定义和作用因任务类型而异,但其核心目的是通过对比或分类训练,提升模型的判别能力和泛化性。在传统的检测算法中,随机背景采样经常被用来获得负样本。它是一种在不同场景下自动获得负样本的方法。其中，背景图像是随机从训练集中采样的。随机背景采样可以帮助训练算法更加完善地捕捉特征。

5．交叉验证

交叉验证（Cross-Validation）也称为循环估计，是一种统计学上将数据样本切割成较小子集的实用方法。先在一个子集上做分析，其他子集则用来做后续对此分析的确认及验证。一开始的子集被称为训练集。而其他的子集则被称为验证集或测试集。

7.1.3 过拟合和欠拟合

在训练模型的过程中，我们通常希望达到以下两个目的：训练的损失值尽可能小、训练的损失值与测试的损失值之间的差距尽可能小。

当第一个目的没有达到时，则说明模型没有训练出很好的效果，模型对于判别数据的模式或特征的能力不强，则认为它是欠拟合的。

当第一个目的达到、第二个目的没有达到时，说明模型训练出了很好的效果，而测试的损失值比较大，则说明模型在新的数据上的表现很差，此时可认为模型过度拟合训练的数据，而对于未参与训练的数据不具备很好的判别或拟合能力，这种情况下，模型是过拟合的。

过拟合在于将偶然的特征也作为识别身份的标志，而欠拟合在于了解的特征不够多，在机器学习中表示模型的学习能力不够，无法学到足够的数据特征。

- 欠拟合的特点：训练的损失值很大，且测试的损失值也很大。
- 过拟合的特点：训练的损失值足够小，而测试的损失值很大。

对于一个足够复杂或足够参数量的模型或神经网络来说，随着训练的进行，会经历一个"欠拟合—适度拟合—过拟合"的过程。对于一个复杂度不够的模型或参数量太少的神经网络来说，只有欠拟合。

根据欠拟合的特点来看，产生欠拟合的主要原因有两个。

- 模型的容量或复杂度不够，对神经网络来说是参数量不够或网络太简单，没有很好的特征提取能力。通常为了避免模型过拟合，会添加正则化，当正则化"惩罚"太过，会导致模型的特征提取能力不足。
- 训练数据量太少或训练迭代次数太少，导致模型没有学到足够多的特征。

根据欠拟合产生的原因来分析，解决方法有两个。

- 换个更复杂的模型，对神经网络来说，换个特征提取能力强或参数量更大的网络。或减少正则化的惩罚力度。
- 增加迭代次数或想办法得到足够多的训练数据，或想办法从少量数据上学到足够多的特征。

根据过拟合的特点来看，过拟合产生的原因有以下四个。

- 模型太复杂，对神经网络来说，参数太多或特征提取能力太强，模型学到了一些偶然的特征。
- 数据分布太单一，例如训练用的所有鸟类都在笼子里，模型很容易把笼子当成识别鸟类的特征。

- 数据噪声太大或干扰信息太多，如人脸检测，训练图像的分辨率都是几百乘几百，而人脸只占了几十到几百个像素，此时背景太大，背景信息都属于干扰信息或噪声。
- 训练迭代次数太多，对数据反复地训练也会让模型学到偶然的特征。

根据过拟合产生的原因来看，解决方法有以下四个。

- 换一个复杂度低一点的模型，对神经网络来说，使用参数量少一点的网络，或使用正则化。
- 使用不同分布的数据来进行模型训练。如数据增强、预训练等。
- 使用图像裁剪等方法对图像进行预处理。
- 及时地停止训练。可使用 K 折交叉验证判断什么时候该停止训练，若训练损失还在减少，而验证损失开始增加，则说明开始出现过拟合。

7.1.4 模型性能度量

在机器学习中，模型性能度量是评估模型对数据拟合能力、泛化能力和实际应用效果的关键指标。不同的任务类型（分类、回归、聚类等）需要不同的度量方式。模型性能度量是机器学习流程的核心环节，需根据任务类型、数据分布和业务需求灵活选择。合适的度量不仅能反映模型能力，还能指导调优方向，最终实现从"理论性能"到"实际价值"的转化。

这部分内容本书不再赘述，周志华老师的《机器学习》一书，对这部分概念讲解非常详细，可参考学习。

7.2 Scikit-learn 的功能

Scikit-learn 的基本功能主要有六项：分类、回归、聚类、数据降维、模型选择和数据预处理。

7.2.1 分类

分类算法的目标是识别一个研究对象（数据）属于哪个类别。
- 所属类别：有监督学习。
- 应用场景：垃圾邮件检测、模式识别、图像识别、欺诈识别等。
- 实现算法：支持向量机 SVM、最近邻分类 KNN、随机森林、决策树、逻辑回归等。

7.2.2 回归

回归算法的目标是预测一个研究对象的某个连续值属性。
- 所属类别：有监督学习。
- 应用场景：药物反应、股价预测、销售预测、网站流量预测等。
- 实现算法：支持向量回归 SVR、岭回归、Lasso 回归、弹性网络（Elastic Net）等。

7.2.3 聚类

聚类算法的目标是自动把数据集中相似的数据点进行分组。
- 所属类别：无监督学习。
- 应用场景：客户细分、实验结果分组、文章聚类、异常值检测等。
- 实现算法：K-Means 聚类、谱聚类、均值漂移（Mean Shift）、层次聚类等。

7.2.4 数据降维

数据降维的目标是减少需要考虑的随机变量的数量。
- 应用场景：数据可视化、效率提升。
- 实现算法：主成分分析 PCA、K-Means 聚类、非负矩阵分解（NMF）等。

7.2.5 模型选择

模型选择的目标是通过比较、验证等方法，选择最佳参数和模型。
- 应用场景：优化参数、提高模型的准确度。
- 实现算法：网格搜索（Grid Search）、交叉验证 CV 等。

7.2.6 数据预处理

数据预处理的目标是提取数据的特征变量（特征抽取），对数据进行归一化处理等。数据预处理是机器学习过程中的第一个步骤，也是至关重要的一个环节。
- 应用场景：文本数据向量化、数据标准化等。
- 实现算法：相关预处理方法、特征抽取方法等。

7.3 Scikit-learn 的常用模块

7.3.1 安装 Scikit-learn

安装 Scikit-learn 的最好方式是使用 pip 工具，具体命令如下。

```
pip install Scikit-learn
# 或者
pip install -U Scikit-learn
```

Scikit-learn 的子模块也需要导入，导入方法如下。

```
import sklearn as skl
import sklearn.preprocessing as prcs
import sklearn.linear_model as lnr
# 或者
from sklearn.preprocessing import StandardScaler as stdScl
from sklearn.linear_model import LogisticRegression
```

注意：虽然安装时用的名称为 Scikit-learn，但导入时用的名称却是 sklearn。

7.3.2 Scikit-learn 常用模块介绍

Scikit-learn 库包含了大量的机器学习模型，下面列举一些常用模块。

1．datasets 模块

这个模块包含了多个标准的数据集，例如 Iris 数据集、Boston 房屋价格数据集、手写数字数据集及新闻组数据集等，这些数据集非常适合用于机器学习、深度学习等需要数据集的场景。这些数据集模块小而轻便，非常适合需要快速处理数据的小型项目。

2．preprocessing 模块

这个模块主要提供数据预处理的工具，它可以被用于特征的预处理，在数据集中过滤或者添加特征，在提高准确率方面非常有用。这个模块还支持特征的缩放、正则化、二进制化、变换等操作，让我们可以针对不同的数据集使用不同的预处理手段来提高机器学习的准确率。

3．externals 模块

这个模块主要包含了 SciPy、NumPy 等科学计算库，并内置在 Scikit-learn 库中，也被称作 Scikit-learn 库的依赖模块。在处理机器学习任务处理时，这个模块是必不可少的。

4．pipeline 模块

这个模块是 Scikit-learn 库的工作流模块，它整合了数据处理、特征提取、模型优化、模型选择等步骤，能够更加方便地实现整个机器学习工作流程，并且在最后可以一次性输出所有结果。此模块让机器学习的实践者更容易处理大量的数据，并快速得出结果。

5．model_selection 模块

这个模块提供了一组交叉验证的接口，可以很容易地将数据集拆分成训练集和测试集。

7.4 Scikit-learn 的使用

7.4.1 数据集的导入和处理

Scikit-learn 提供了非常多的内置数据集，并且还提供了一些创建数据集的方法，这些数据集常用于演示各种机器学习算法的使用方法。这些数据集分为两种类型：小规模的玩具数据集（Toy Datasets）和大规模的真实世界数据集（Real-World Datasets）。

以下是几个常见的玩具数据集。

- Iris（鸢尾花）：一个分类问题的数据集，包含了三种鸢尾花的四个特征，目标是根据这些特征预测鸢尾花的种类。
- Digits（手写数字）：一个多分类问题的数据集，包含了手写数字的 8×8 像素图像，目标是识别这些图像对应的数字。
- Boston House Prices（波士顿房价）：这是一个回归问题的数据集，包含了波士顿各个区域的房价和其他 13 个特征，目标是预测房价。

- Breast Cancer（乳腺癌）：这是一个二分类问题的数据集，包含了乳腺肿瘤的 30 个特征，目标是预测肿瘤是良性还是恶性。

Scikit-learn 中的数据集相关功能都在 datasets 模块下，可以通过 API 文档中的 datasets 模块所包含的内容对所有的数据集和创建数据集的方法进行概览。

要在 Scikit-learn 中加载这些数据集，可以使用 sklearn.datasets 模块中的相关函数，例如：

```
from sklearn.datasets import load_iris
iris = load_iris()
```

这个函数会返回一个 Bunch 对象，包含了数据、目标和其他信息。例如，iris.data 是一个包含了特征的二维数组，iris.target 是一个包含了目标的一维数组。表 7.1 是 load_iris 函数默认返回的 Bunch 对象包含键列表。

表 7.1　load_iris 函数默认返回的 Bunch 对象包含键列表

名称	描述
data	数据集特征矩阵
target	数据集标签数组
feature_names	各列名称
target_names	各类别名称
frame	当生成对象是 DataFrame 时，返回完整的 DataFrame

可以使用如下代码查看该数据集。

```
# 数据集包含的四个特征
print("Features: ", iris.feature_names)
# 数据集的三种分类标签
print("Labels: ", iris.target_names)
# 将数据转换为 DataFrame 以便于查看
iris_df = pd.DataFrame(iris.data, columns=iris.feature_names)
# 添加分类标签到 DataFrame
iris_df['label'] = iris.target
# 显示数据的前五行
print(iris_df.head())
```

Scikit-learn 也提供了一些真实世界的数据集，但由于规模较大，通常需要下载。这些数据集可以用于更复杂的任务和算法的测试。例如，fetch_20newsgroups 函数可以下载 20 Newsgroups 文本数据集，用于文本分类等任务。

7.4.2　数据集切分

在 Scikit-learn 中，通常将原始数据集切分为训练集和测试集，这样做可以评估模型在未见过的数据上的性能。数据集切分的目的是为了更好地进行模型性能评估，从而更好地进行模型挑选。Scikit-learn 提供了 train_test_split 函数来帮助完成这一任务。train_test_split 在 model_selection 模块下。调用方式如下。

```
from sklearn.model_selection import train_test_split
# 假设 X 是特征，y 是目标
```

```
        X_train, X_test, y_train, y_test = train_test_split(X, y, test_size=0.2,
random_state=42)
```

train_test_split 函数的主要参数有:
- X, y: 需要被切分的数据。
- test_size: 代表测试集的比例。在上面的例子中,将 20%的数据用作测试集。
- random_state: 随机种子,可以确保每次运行代码时数据的切分方式相同。

可以使用以下方式来查看函数的详细信息。

```
# 查阅该函数的帮助文档
train_test_split
```

7.4.3 数值数据的标准化

数值数据标准化是将数据按比例缩放,通过数学变换消除原始特征量纲和数量级差异的过程。其核心目的是使不同指标具有可比性。在机器学习中,数值数据的标准化(或称为数据预处理)是提升模型性能的重要步骤,常见的标准化方法包括以下几种方法。

1. Z-Score 标准化(Standardization)

作用:将数据缩放到均值为 0、标准差为 1 的分布。

适用场景:数据近似正态分布,但对异常值敏感(如线性回归、SVM、神经网络等)。

2. Robust 标准化

作用:利用中位数和四分位数减小异常值影响。

适用场景:数据存在显著异常值(如鲁棒回归、聚类分析)。

3. 最大绝对值缩放(MaxAbsScaler)

作用:保留数据稀疏性(不改变零值)。

适用场景:稀疏数据或包含正负值的场景(如文本处理、PCA)。

4. 小数定标法(Decimal Scaling)

作用:通过移动小数点简化数据。

适用场景:简单缩放需求(如人工特征工程)。

5. 非线性变换

常用方法如下。
- 对数变换: $x' = \log(x)$ (处理右偏分布)。
- Box-Cox 变换: $x' = \dfrac{x^\lambda - 1}{\lambda}$ (需数据为正,处理非正态分布)。
- 分位数变换:映射到均匀/正态分布。

适用场景:数据呈偏态分布或需服从特定分布(如回归模型假设)。

选择标准化的注意事项如下。
- 模型需求:如树模型(决策树、随机森林)通常不需要标准化。
- 异常值处理:优先选择 Robust 方法或非线性变换。
- 数据分布:偏态数据可尝试对数或 Box-Cox 变换。

- 计算效率：Min-Max 和 Z-Score 计算成本较低。

通过合理选择标准化方法，可以加速模型收敛、提高精度，并增强算法鲁棒性。

在 Scikit-learn 中，数据标准化通过 StandardScaler 函数来实现。具体示例如下。

```
X = np.arange(30).reshape(5, 6)
X_train, X_test = train_test_split(X)
scaler = StandardScaler()
X_train_standardized = scaler.fit_transform(X_train)
# 利用训练集的均值和方差对测试集进行标准化处理
X_test_standardized = scaler.transform(X_test)
X_test_standardized
```

这段代码首先创建了一个 StandardScaler 对象，然后使用 fit_transform()方法对训练数据进行拟合和转换，最后使用 transform()方法对测试数据进行转换。

需要解释的一点是：为什么对训练集要使用 fit_transform()，而对测试集只使用 transform()？

在机器学习中，训练集和测试集应当是分开处理的。具体来说，应当在训练集上训练模型，而测试集应当模拟真实世界中模型未曾见过的数据，以此来评估模型的真实性能。因此，任何形式的预处理（包括特征缩放）都应当只以训练集的数据为基准来完成。

当在训练集上调用 fit_transform()方法时，fit()方法会计算训练集数据的均值和标准差，然后 transform()方法会使用这些计算出的参数（均值和标准差）来对训练集进行标准化。

然后，当在测试集上调用 transform()方法时，Scikit-learn 会使用之前在训练集上计算得到的均值和标准差来进行标准化。这样做的原因是，假设测试集是模型未曾见过的新数据，因此，不能使用测试集数据的任何信息（包括它的均值和标准差）来影响模型。换句话说，必须假设在预处理阶段，测试集数据是不可见的。

总的来说，在预处理数据时，训练集应当使用 fit_transform()方法，而测试集应当只使用 transform()方法，这样可以保证不会在预处理阶段就"泄露"测试集的信息。

7.4.4 数值数据的归一化

数值数据的归一化是数据预处理的关键步骤，其目的是将数据缩放到特定范围或呈特定分布，以提升模型的稳定性和性能。归一化的核心是消除量纲差异，加速模型收敛，提升泛化能力。应根据数据分布、异常值情况、模型类型选择合适方法。

数据归一化可以使用 Scikit-learn 的 MinMaxScaler 函数来实现，示例如下。

```
```python from sklearn.preprocessing import MinMaxScaler
X = np.arange(30).reshape(5, 6)
X_train, X_test = train_test_split(X)
scaler = MinMaxScaler()
X_train_normalized = scaler.fit_transform(X_train)
X_test_normalized = scaler.transform(X_test)
X_test_normalized ```
```

在 Scikit-learn 中，preprocessing.normalize 是另一种类型的"归一化"。

preprocessing.normalize 的功能是按照向量空间模型（Vector Space Model）对特征向量进行转
```

换,使得每个特征向量的欧几里得长度(L2 范数)等于 1,或者每个元素的绝对值之和(L1 范数)等于 1。换句话说:和标准化不同,Scikit-learn 中的归一化特指将单个样本(一行数据)放缩为单位范数(L1 范数或者 L2 范数为单位范数)的过程,该操作常见于核方法或者衡量样本之间相似性的过程中。

Scikit-learn 中的 Normalization 过程,实际上就是将每一行数据视作一个向量,然后用每一行数据去除以该数据的 L1 范数或者 L2 范数。具体除以哪个范数,以 preprocessing.normalize 函数中输入的 norm 参数为准。示例如下。

```
from sklearn.preprocessing import normalize
import numpy as np
# 创建一个 NumPy 数组
X = np.array([[1., -1., 2.],
              [2., 0., 0.],
              [0., 1., -1.]])
# 对数据进行归一化处理,使用默认的 L2 范数
X_normalized = normalize(X, norm='l2')
```

在上面的代码中,每一行的特征向量被归一化为单位范数(长度为 1)。这就意味着每一个样本的所有特征值的平方和为 1。也可以通过设置 norm 参数为 "l1",来进行 L1 范数归一化,使得每个样本的所有特征值的绝对值和为 1。

7.4.5 核心对象类型:评估器

许多功能强大的第三方库都定义了自己的核心对象类型,这些对象类型实际上都是源码中定义的特定类的实例。例如,NumPy 的核心是数组(Array),Pandas 的核心是 DataFrame,PyTorch 的核心则是张量(Tensor)。这些对象类型为数据分析和机器学习提供了强大的工具。

对于 Scikit-learn 来说,它的核心对象类型是评估器(Estimator)。可以将评估器看作是一种封装了各种机器学习模型的工具。在 Scikit-learn 中进行模型训练的过程,其核心就是围绕着这些评估器展开的。

总的来说,这些不同库的核心对象类型都为处理特定任务提供了便捷,使得开发者可以更加专注于问题的解决,而不需要深入底层去处理复杂的细节。

围绕评估器的使用也基本分为两步,其一是实例化该对象,其二则是围绕某数据进行模型训练。

7.4.6 高级特性:管道

在 Scikit-learn 中,管道(Pipeline)是一种方便地将多个步骤组织在一起的工具,常常用于包含多个步骤的数据预处理和建模过程。Pipeline 在确保步骤顺序执行、代码整洁,以及在进行交叉验证时防止数据泄露方面有很大的优势。

Pipeline 工作流程类似于生产线,每个步骤都是独立的,但所有的步骤都依次串联起来,上一步的输出作为下一步的输入。一个典型的 Pipeline 可能包括数据的缩放(如归一化或标准化)、特征选择、降维以及最后的模型训练等步骤。

以下是一个 Pipeline 的示例,它包含两个步骤:一个是 StandardScaler,用于对数据进行标准化处理;另一个是 LinearRegression,用于进行回归预测。然后在训练集上调用 fit() 方法,

Pipeline 会依次对每个步骤进行训练。也就是说，它首先在数据上进行标准化，然后使用标准化的数据训练回归模型。当在测试集上调用 predict()方法时，Pipeline 会依次对每个步骤进行预测，即先进行标准化，然后使用训练好的回归模型进行预测。

应用 Pipeline 的示例代码如下所示。

```python
from sklearn.pipeline import Pipeline
from sklearn.preprocessing import StandardScaler
from sklearn.linear_model import LinearRegression
from sklearn.datasets import load_diabetes
from sklearn.model_selection import train_test_split
# 加载糖尿病数据集
diabetes = load_diabetes()
X_train, X_test, y_train, y_test = train_test_split(diabetes.data, diabetes.target, random_state=0)
# 创建一个 Pipeline
pipe = Pipeline([
    ('scaler', StandardScaler()),          # 第一步是标准化
    ('regressor', LinearRegression())      # 第二步是线性回归
])
# 使用 Pipeline 进行训练
pipe.fit(X_train, y_train)
# 使用 Pipeline 进行预测
y_pred = pipe.predict(X_test)
y_pred
```

7.4.7 模型保存

模型保存（Model Persistence）是一种将训练好的机器学习模型保存到磁盘，然后在以后的时间点（可能是在不同的环境中）加载和使用的技术。这是非常有用的，因为通常训练一个好的模型可能需要大量的时间和计算资源。一旦模型被训练出来，我们希望在未来可能重新使用它，而不是每次需要时都重新训练。

在 Scikit-learn 中，可以使用 Python 的内置库 pickle 或者 joblib 库（特别针对大数据）来实现模型保存和加载。

以下代码演示如何使用 joblib 库保存和加载模型。

```python
pythonCopycodefromsklearn.ensemble import RandomForestClassifier
from sklearn.datasets import load_iris
from joblib import dump, load
# 加载 Iris 数据集并训练一个随机森林分类器
iris = load_iris()
clf = RandomForestClassifier()
clf.fit(iris.data, iris.target)
# 将模型保存到磁盘
dump(clf, 'randomforest_model.joblib')
# 在需要的时候加载模型
clf_loaded = load('randomforest_model.joblib')
# 使用加载的模型进行预测
y_pred = clf_loaded.predict(iris.data)
```

上述代码中，dump 函数将模型保存到指定的文件中，而 load 函数则从文件中加载模型。注

意，保存和加载模型的代码通常不会在同一脚本或同一会话中运行，这里只是为了演示。

如果模型包含了大量的 NumPy 数组（例如，神经网络或随机森林等模型），使用 joblib 可能比使用 pickle 更高效。因此，Scikit-learn 官方文档推荐使用 joblib 来保存和加载模型。

7.5 使用 Scikit-learn 实现线性回归建模

本节介绍通过 Scikit-learn 实现一个简单的线性回归建模案例。

回归问题是机器学习中的一类监督学习任务，其核心目标是根据输入特征（自变量）预测一个连续型数值（因变量）。与分类问题（预测离散类别）不同，回归问题的输出是实数范围内的任意值，通常用于分析变量之间的数学关系或趋势。

线性回归是统计学和机器学习中最基础、最常用的算法之一，属于监督学习中的回归任务。其核心思想是通过一个线性方程（或超平面）来建模输入特征（自变量）与连续型目标变量（因变量）之间的关系，实质就是构造一个直线方程，进而预测之后的数据。

1. 准备数据

生成 1000 个基本规律满足 $y=2x_1-x_2+1$ 分布回归类数据集。

这一步的目的是创建一个回归类数据集。它定义了一个函数 arrayGenReg，用于生成具有特定规律的回归类数据集。该函数根据给定的参数生成特征和标签数据，并可以选择是否添加截距项。特征数据根据正态分布随机生成，而标签数据根据设定的规律进行计算，并添加了服从正态分布的扰动项。这个函数的目的是方便生成用于回归问题的人工数据集。具体代码如下。

```python
# 科学计算模块
import numpy as np
import pandas as pd
# 绘图模块
import matplotlib as mpl
import matplotlib.pyplot as plt
# 创建回归数据的函数
def arrayGenReg(num_examples = 1000, w = [2, -1, 1], bias = True, delta = 0.01, deg = 1):
    """创建回归类数据集的函数
    :param num_examples: 创建数据集的数据量
    :param w: 包括截距的（如果存在）特征系数向量
    :param bias: 是否需要截距
    :param delta: 扰动项取值
    :param deg: 方程最高项次数
    :return: 生成的特征张量和标签张量
    """
    if bias == True:
        num_inputs = len(w)-1                                   # 数据集特征个数
        features_true = np.random.randn(num_examples, num_inputs) # 原始特征
        w_true = np.array(w[:-1]).reshape(-1, 1)                 # 自变量系数
        b_true = np.array(w[-1])                                 # 截距
        labels_true = np.power(features_true, deg).dot(w_true) + b_true
        features = np.concatenate((features_true, np.ones_like(labels_true)), axis=1)        # 加上全为 1 的一列之后的特征
```

```
        else:
            num_inputs = len(w)
            features = np.random.randn(num_examples, num_inputs)
            w_true = np.array(w).reshape(-1, 1)
            labels_true = np.power(features, deg).dot(w_true)
        labels = labels_true + np.random.normal(size = labels_true.shape) * delta
        return features, labels
```

2. 根据函数生成特征和标签数据

在这一步中,通过使用 np.random.seed(24)设置了随机数种子为 24。这样做的目的是确保接下来的随机生成过程可重复,即每次运行代码都会得到相同的随机数序列。然后,调用 arrayGenReg 函数生成回归类数据集的特征和标签。在这个例子中,将扰动项的取值设置为 0.01,即 delta=0.01。

```
# 设置随机数种子
np.random.seed(24)
# 扰动项取值为 0.01
features, labels = arrayGenReg(delta=0.01)
```

3. 绘制图形

绘制两个子图,观察数据集在不同特征维度上的分布情况。

```
# 可视化数据分布
plt.subplot(121)
plt.plot(features[:, 0], labels, 'o')
plt.subplot(122)
plt.plot(features[:, 1], labels, 'o')
```

分别绘制特征矩阵 features 的第一列(features[:, 0])、第二列(features[:, 1])与标签列 labels 之间的关系,如图 7.1 所示。从生成的图形来看,这个线性回归是一系列直线的结果,而不是一根直线。因为数据量相对较大。

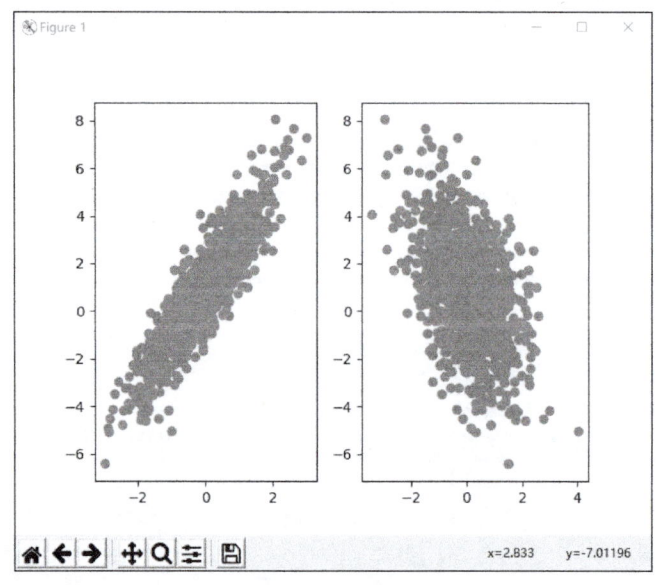

图 7.1 线性回归结果数据可视化

4. 调用 Scikit-learn 库中的线性回归评估器

首先，从 Scikit-learn 库中导入线性回归评估器，使用 LinearRegression 评估器进行线性回归建模。

```
from sklearn.linear_model import LinearRegression
```

然后，创建一个线性回归模型对象，被赋值给名为 model 的变量。

```
model=LinearRegression()
```

接下来，从之前生成的数据集中提取特征矩阵和标签，特征矩阵选取了前两个特征（features[:, :2]），并将其赋值给 X 变量。将标签数组赋值给 y 变量。

```
codeX = features[:, :2]    # 特征矩阵，选择前两个特征
y = labels                  # 标签数组
```

最后，通过调用评估器中的 fit() 方法对模型进行训练。

```
model.fit(X, y)
```

通过这些步骤，线性回归模型将被训练并学习数据集中的模式和关联。

在机器学习中，评估器（Estimator）是用于学习数据模式和进行预测的对象。线性回归评估器（LinearRegression）是一种用于拟合线性模型的评估器。

实例化评估器是为了创建一个可供使用的评估器对象。通过实例化，可以设置评估器的参数和属性，以便进行后续的训练和预测操作。在这段代码中，通过使用 LinearRegression() 创建了一个线性回归评估器的实例，并将其赋值给 model 变量。

fit() 方法是评估器的一个重要方法，用于对模型进行训练。在训练过程中，评估器根据提供的特征矩阵和标签数据，通过最小化损失函数来调整模型的参数，使其能够更好地拟合数据。通过训练过程，模型能够学习特征与标签之间的关系，并建立一个预测模型。

综上所述，通过实例化评估器、提供特征矩阵和标签数据，以及调用 fit() 方法来进行模型训练，才能够使用评估器拟合数据，并得到一个能够预测未知样本的线性回归模型。

5. 查看模型训练参数

查看自变量参数和模型截距两项参数的代码如下。

```
print("自变量参数:", model.coef_)
print("模型截距:", model.intercept_)
```

- 自变量参数：模型学习到的自变量参数为[[1.99961892, -0.99985281]]，接近于基本规律中的[2, -1]。这表示模型能够很好地学习数据生成的规律，并对特征之间的关系进行准确建模。
- 模型截距：模型学习到的截距为 [0.99970541]，接近于基本规律中的 1。这意味着即使没有特征输入时，模型预测的输出值仍接近于 1。

因此，根据模型的自变量参数和截距结果，可以得出结论：线性回归模型成功地学习到了基本规律中的特征之间的关系，并能够对未知样本进行准确的预测。

6. 使用 MSE 进行模型评估

可以使用 Scikit-learn 库中的均方误差（Mean Squared Error，MSE）计算函数，计算预测值

和真实标签之间的均方误差。

```
# 在 metrics 模块下导入 MSE 计算函数
from sklearn.metrics import mean_squared_error
# 输入数据，进行计算
mean_squared_error(model.predict(X), y)
```

至此就完成了调用 Scikit-learn 的线性回归模型进行建模的流程。

本章练习

编程题

使用 Scikit-learn 库，根据协同过滤算法进行电影推荐。

第 8 章　用 Matplotlib 实现数据可视化

本章对数据分析的结果进行数据可视化。所谓的数据可视化，其实就是以图表的形式，形象地展示数据统计结果，常言道：一图胜千言。

Python 实现数据可视化，最主要就是通过 Matplotlib 库。使用它可以方便地绘制各种图形。

8.1 Matplotlib 基础

Matplotlib 是 Python 最受欢迎的数据可视化软件包之一，支持跨平台运行，它是 Python 常用的 2D 绘图库，同时，它也提供了一部分 3D 绘图接口。Matplotlib 通常与 NumPy、Pandas 一起使用，是数据分析中不可或缺的重要工具之一。

Matplotlib 生成的图形主要由以下几个部分构成：

- Figure：指整个图形，可以把它理解成一张画布，它包括了所有的元素，比如，标题、轴线等。
- Axes：绘制 2D 图像的实际区域，也称为轴域区，或者绘图区。
- Axis：指坐标系中的垂直轴与水平轴，包含轴的长度大小（图中轴长为 7）、轴标签（指 X 轴，Y 轴）和刻度标签。
- Artist：在画布上看到的所有元素都属于 Artist 对象，比如，文本对象（title、xlabel、ylabel）、Line2D 对象（用于绘制 2D 图像）等。

可使用 Python 包管理器 pip 来安装 Matplotlib。打开 cmd 命令提示符窗口，并输入以下命令即可安装：

```
pip install matplotlib
```

Matplotlib 中的 pyplot 模块是一个类似命令风格的函数集合，这使得 Matplotlib 的工作模式和 MATLAB 相似。

pyplot 模块提供了各种可以用来绘图的函数，比如，创建一个画布，在画布中创建一个绘图区域，或是在绘图区域添加一些线、标签等。表 8.1 和表 8.2 对这些函数做了简单的介绍。

表 8.1　绘图函数

函数名称	描述
Bar	绘制条形图
Barh	绘制水平条形图
Boxplot	绘制箱型图
Hist	绘制直方图

(续)

函数名称	描述
his2d	绘制 2D 直方图
Pie	绘制饼状图
Plot	在坐标轴上画线或者标记
Polar	绘制极坐标图
Scatter	绘制 x 与 y 的散点图
Stackplot	绘制堆叠图
Stem	用来绘制二维离散数据绘制（又称为"火柴图"）
Step	绘制阶梯图
Quiver	绘制一个二维箭头

表 8.2 Figure 函数

函数名称	描述
Figtext	在画布上添加文本
Figure	创建一个新画布
Show	显示数字
Savefig	保存当前画布
Close	关闭画布窗口

8.2 Matplotlib 常见绘图属性

8.2.1 创建绘图区域

在绘图之前，需要创建一个 Figure 对象，可以理解成我们需要一张画布才能开始绘图。

【例 8.1】创建绘图区域。

```
import matplotlib.pyplot as plt
fig = plt.figure()
```

拥有 Figure 对象之后，还需要创建绘图区域，添加 Axes。在绘制子图过程中，对于每一个子图可能有不同设置，而 Axes 可以直接实现对于单个子图的设定。Figure、Axes 和 Axis 的区别如图 8.1 所示。

```
fig = plt.figure()
ax = fig.add_subplot(111)
ax.set(xlim=[0.5, 4.5], ylim=[-2, 8], title='An Example Axes',
       ylabel='Y-Axis', xlabel='X-Axis')
plt.show()
```

以上的代码，在一幅图上添加了一个 Axes，然后设置了这个 Axes 的 X 轴以及 Y 轴的取值范围，运行效果如图 8.2 所示。

第 8 章 用 Matplotlib 实现数据可视化

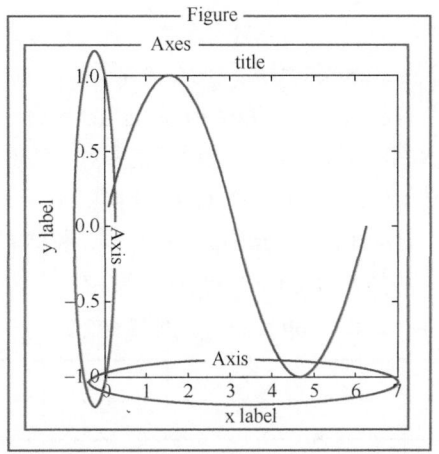

图 8.1 Figure、Axes 和 Axis 的区别示意图

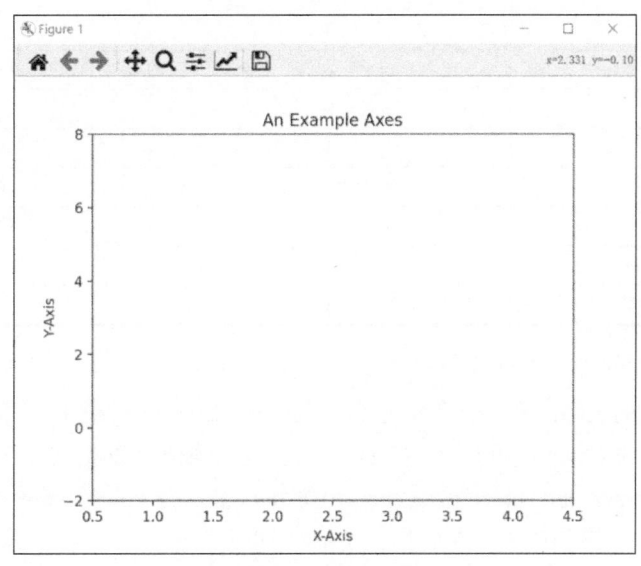

图 8.2 运行效果图

8.2.2 设定绘图参数

上述代码中的 fig.add_subplot(111)就是用于添加 Axes，参数的解释为在画板的第 1 行第 1 列的第一个位置生成一个 Axes 对象来准备作画。也可以通过 fig.add_subplot(2, 2, 1)的方式生成 Axes，前面两个参数确定了面板的划分，例如，2，2 会将整个面板划分成 2×2 的方格，第三个参数取值范围是 [1, 2*2] 表示第几个 Axes。

在使用 Matplotlib 绘图时，会遇到图片显示不全或者图片大小不是我们想要的，这个时候就需要调整画布大小。

通过 Axes 对象提供的 grid()方法可以开启或者关闭画布中的网格以及网格的主/次刻度。除此之外，grid()方法还可以设置网格的颜色、线型以及线宽等属性。

187

刻度指的是轴上数据点的标记，Matplotlib 能够自动在 X、Y 轴上绘制出刻度。这一功能的实现得益于 Matplotlib 内置的刻度定位器和格式化器（两个内建类）。在大多数情况下，这两个内建类完全能够满足绘图需求，但是在某些情况下，刻度标签或刻度也需要满足特定的要求，比如，将刻度设置为"英文数字形式"或者"大写阿拉伯数字"，此时就需要对它们重新设置。图例通过 ax.legend() 或者 plt.legend()实现，标题通过 ax.set_title()或者 plt.title()实现。对于图例，还可以通过改变 legend() 的参数来改变图例的显示位置，展示样式（包括图例的外边框、图例中的文本标签的排列位置和图例的投影效果等方面）。plt.legend()的位置参数 loc 也可以使用数字，如表 8.3 所示。

表 8.3　plt.legend()的位置参数表

字符串	位置编号	位置表述
best	0	最佳位置
upper right	1	右上角
upper left	2	左上角
lower left	3	右下角
lower right	4	左下角
right	5	右侧
center left	6	左侧垂直居中
center right	7	右侧垂直居中
lower center	8	下方水平居中
upper center	9	上方水平居中
center	10	正中间

plt.legend()的参数值是一个四元元组，且使用 Axes 坐标系统。第一个元素代表距离画布左侧的 x 轴长度的倍数的距离；第二个元素代表距离画布底部的 y 轴长度的倍数的距离；第三个元素代表元素 x 轴长度的倍数的线框长度；第四个元素代表 y 轴长度的倍数的线框宽度。

plt.legend(loc="upper left",bbox_to_anchor=(0.05,0.95),ncol=3,title="power function", shadow=True,fancybox=True)会把图例放在上方左手边拐角处的距离坐标轴左边 0.1，底部 7.6 的位置。关键字参数 shadow 控制线框是否添加阴影；fancybox 控制线框是直角还是圆角。

8.2.3　设置字体及子图布局

Matplotlib 默认不支持中文字体，只支持 ASCII 字符，直接使用中文时，Matplotlib 绘制的图像会出现中文乱码。通过重写配置文件，可以解决 Matplotlib 显示中文乱码的问题。Matplotlib 中的文本字符串都可以使用 Latex 格式显现出来，具体的使用方法是将文本标记符放在一对美元符号$内。在 pyplot 模块中，参与调整子图布局的函数主要为 subplots_adjust 和 tight_layout，其中 subplots_adjust 是修改子图间距的通用函数，tight_layout 默认执行一种固定的间距配置，也可以自定义间距配置。

subplots_adjust 函数的功能为调整子图的布局参数。初始值由 rcParams["figure.subplot.[name]"]提供。用法如下。

```
matplotlib.pyplot.subplots_adjust(left=None, bottom=None, right=None, top=None,
```

```
wspace=None, hspace=None)
```

参数如下。

- left：所有子图整体相对于图像的左外边距，距离单位为图像宽度的比例（小数）、可选参数、浮点数、默认值为 0.125。
- right：所有子图整体相对于图像的右外边距，距离单位为图像宽度的比例（小数）、可选参数、浮点数、默认值为 0.0。
- bottom：所有子图整体相对于图像的下外边距，距离单位为图像高度的比例（小数）、可选参数、浮点数、默认值为 0.11。
- top：所有子图整体相对于图像的上外边距，距离单位为图像高度的比例（小数）、可选参数、浮点数、默认值为 0.88。
- wspace：子图间宽度内边距，距离单位为子图平均宽度的比例（小数）、浮点数、默认值为 0.2。
- hspace：子图间高度内边距，距离单位为子图平均高度的比例（小数）、可选参数、浮点数、默认值为 0.2。

8.2.4 其他绘图设置

通过使用 savefig 函数可将图片保存在指定目录下，但需要在 show()之前插入，如果插入在 show()之后，会保存图片为空白。

绘图过程中，如果想要给坐标自定义一些不一样的标记，可以使用 plot()方法的 marker 参数来定义。fmt 参数定义了基本格式，如标记、线条样式和颜色。线类型如表 8.4 所示，颜色类型如表 8.5 所示。

表 8.4 线类型表

线类型标记	描述
'-'	实线
':'	虚线
'--'	破折线
'-.'	点画线

表 8.5 颜色类型表

颜色标记	描述
'r'	红色
'g'	绿色
'b'	蓝色
'c'	青色
'm'	品红
'y'	黄色
'k'	黑色
'w'	白色

可以自定义标记的大小与颜色,使用的参数分别是:
- markersize,简写为 ms:定义标记的大小。
- markerfacecolor,简写为 mfc:定义标记内部的颜色。
- markeredgecolor,简写为 mec:定义标记边框的颜色。

表 8.6 中列出了常用字体的中英文名称对照。

表 8.6 Windows 常用字体的中英文名称对照表

中文名称	英文名称
黑体	SimHei
微软雅黑	Microsoft YaHei
新宋体	NSimSun
新细明体	PMingLiU
细明体	MingLiU
标楷体	DFKai-SB
仿宋	FangSong
楷体	KaiTi
仿宋_GB2312	FangSong_GB2312
楷体_GB2312	KaiTi_GB2312

8.3 Matplotlib 基本绘图

8.3.1 折线图

【例 8.2】 折线图示例。

使用 plot 函数画出一系列的点,并且用线将它们连接起来。

```python
import matplotlib.pyplot as plt
import numpy as np
x = np.linspace(0, np.pi)
y_sin = np.sin(x)
y_cos = np.cos(x)
ax1 = plt.subplot(241)
ax2 = plt.subplot(242)
ax3 = plt.subplot(243)
ax1.plot(x, y_sin)
ax2.plot(x, y_sin, 'go--', linewidth=2, markersize=12)
ax3.plot(x, y_cos, color='red', marker='+', linestyle='dashed')
plt.show()
x = np.linspace(0, 10, 200)
data_obj = {'x': x,
            'y1': 2 * x + 1,
            'y2': 3 * x + 1.2,
            'mean': 0.5 * x * np.cos(2 * x) + 2.5 * x + 1.1}
fig, ax = plt.subplots()
```

```
# 填充两条线之间的颜色
ax.fill_between('x', 'y1', 'y2', color='yellow', data=data_obj)
# Plot the "centerline" with `plot`
ax.plot('x', 'mean', color='black', data=data_obj)
plt.show()
```

程序运行结果如图 8.3 和图 8.4 所示。

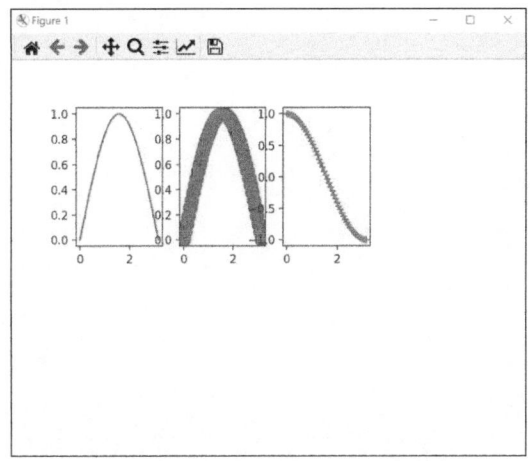

图 8.3　连续的折线图（表现出平滑曲线）

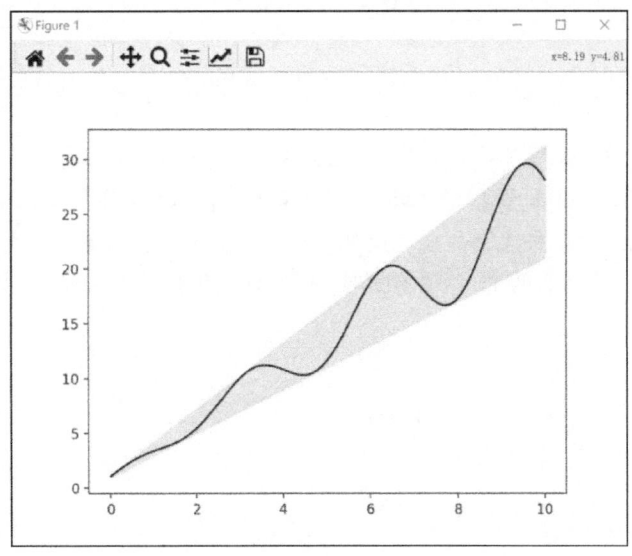

图 8.4　颜色填充

8.3.2　散点图

【例 8.3】　散点图示例。只画点，不用线连接起来。

```
import matplotlib.pyplot as plt
import numpy as np
x = np.arange(10)
```

```
y = np.random.randn(10)
plt.scatter(x, y, color='red', marker='+')
plt.show()
```

程序运行结果如图 8.5 所示。

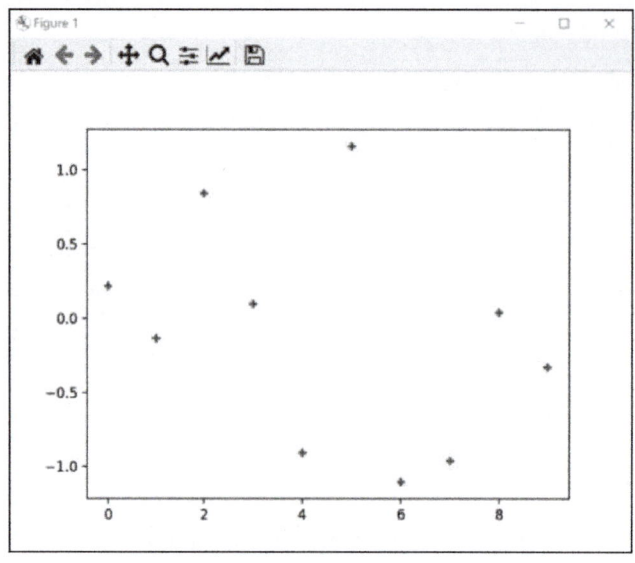

图 8.5　散点图

8.3.3　双轴图

在一些应用场景中，有时需要绘制两个 x 轴或两个 y 轴，这样可以更直观地显示图形，从而获取更有效的数据。Matplotlib 提供的 twinx 函数和 twiny 函数，除了可以实现绘制双轴的功能外，还可以使用不同的单位来绘制曲线，比如，一个轴绘制对数函数，另外一个轴绘制指数函数。下面示例绘制了一个具有两个 y 轴的图形，一个显示正弦函数 sin(x)，另一个显示对数函数 log(x)。

【例 8.4】双轴图示例。

```
import matplotlib.pyplot as plt
import numpy as np
# 准备数据
t = np.arange(0.01, 10.0, 0.01)
data1 = np.exp(t)
data2 = np.sin(2 * np.pi * t)
# 设置主轴
fig, ax1 = plt.subplots()
color = 'tab:red'
ax1.set_xlabel('time (s)')
ax1.set_ylabel('exp', color=color)
ax1.plot(t, data1, color=color)
ax1.tick_params(axis='y', labelcolor=color)
# 设置次轴
ax2 = ax1.twinx()
```

```
color = 'tab:blue'
ax2.set_ylabel('sin', color=color)
ax2.plot(t, data2, color=color)
ax2.tick_params(axis='y', labelcolor=color)
fig.tight_layout()
plt.show()
```

程序运行结果如图 8.6 所示。

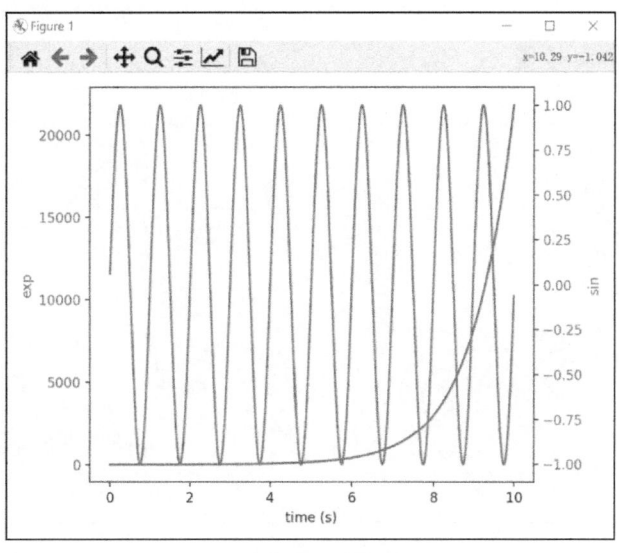

图 8.6 双轴图

8.3.4 条形图

条形图分两种,一种是水平的,一种是垂直的。此外,条形图函数 bar()会返回一个包含所有条形(Rectangle 对象)的 BarContainer 对象(本质是 Artists 对象的数组)。每个 Artists 对应图表中的一个条形,还返回了一个 Artists 数组,对应着每个条形,例如,Artists 数组有 5 个元素,我们可以通过这些 Artists 对条形图的样式进行更改。

【例 8.5】 条形图示例。

```
import matplotlib.pyplot as plt
import numpy as np
np.random.seed(1)
x = np.arange(5)
y = np.random.randn(5)
fig, axes = plt.subplots(ncols=2, figsize=plt.figaspect(1. / 2))
vert_bars = axes[0].bar(x, y, color='lightblue', align='center')
horiz_bars = axes[1].barh(x, y, color='lightblue', align='center')
# 在水平或者垂直方向上画线
axes[0].axhline(0, color='gray', linewidth=2)
axes[1].axvline(0, color='gray', linewidth=2)
plt.show()
fig, ax = plt.subplots()
vert_bars = ax.bar(x, y, color='lightblue', align='center')
```

```
        # We could have also done this with two separate calls to `ax.bar` and numpy
boolean indexing.
        for bar, height in zip(vert_bars, y):
            if height < 0:
                bar.set(edgecolor='darkred', color='salmon', linewidth=3)
        plt.show()
```

程序运行结果如图 8.7 和图 8.8 所示。

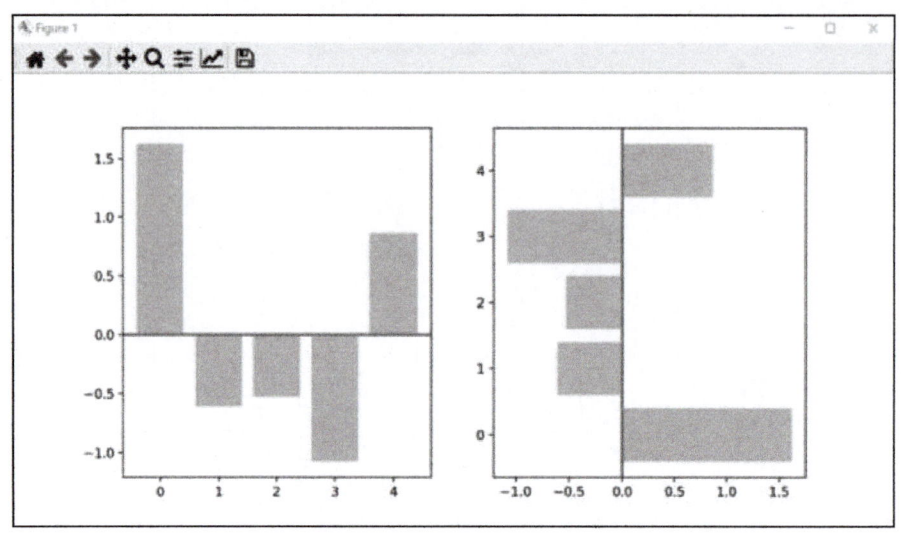

图 8.7　条形图 1

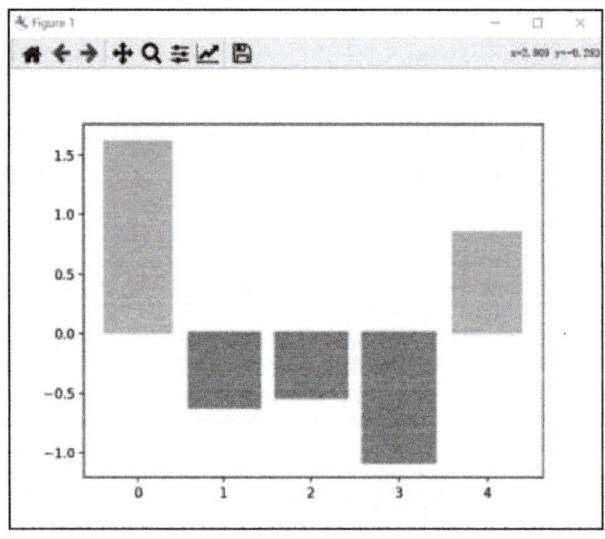

图 8.8　条形图 2

8.3.5　直方图

直方图用于统计数据出现的次数或者频率，有多种参数可以调整。参数中 density 控制 Y 轴是概率还是数量，与返回的第一个变量对应。histtype 控制着直方图的样式，默认是 'bar'，对于多个条形时就以相邻的方式呈现；'barstacked' 就是多个条形叠在一起；rwidth 控制着条形的宽度，这样可以空出一些间隙。

【例 8.6】 直方图示例。

```python
import matplotlib.pyplot as plt
import numpy as np
np.random.seed(19680801)
n_bins = 10
x = np.random.randn(1000, 3)
fig, axes = plt.subplots(nrows=2, ncols=2)
ax0, ax1, ax2, ax3 = axes.flatten()
colors = ['red', 'tan', 'lime']
ax0.hist(x, n_bins, density=True, histtype='bar', color=colors, label=colors)
ax0.legend(prop={'size': 10})
ax0.set_title('bars with legend')
ax1.hist(x, n_bins, density=True, histtype='barstacked')
ax1.set_title('stacked bar')
ax2.hist(x, histtype='barstacked', rwidth=0.9)
ax3.hist(x[:, 0], rwidth=0.9)
ax3.set_title('different sample sizes')
fig.tight_layout()
plt.show()
```

程序运行结果如图 8.9 所示。

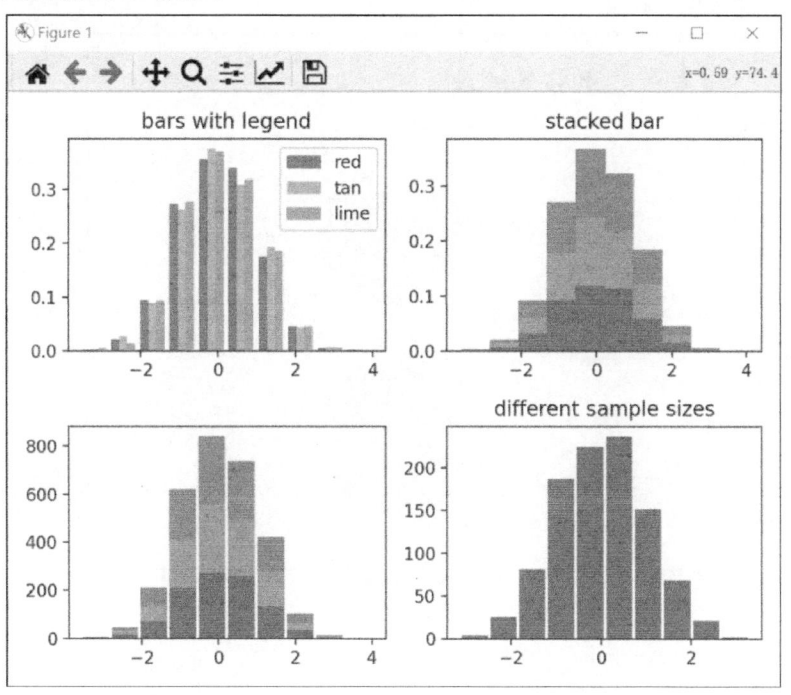

图 8.9 直方图

8.3.6 饼图

饼图适用于展示分类数据在整体中的比例关系，通常用于以下几种情形。
- 比例对比。展示不同类别在总量中的占比（如市场份额、预算分配）。
- 类别数量。类别数 5 至 6 个以内，避免因切片过多导致可读性下降。
- 突出单一重点。强调某一类别的主导地位（如某产品销量占比超过 50%）。
- 数据总和为 100%。各部分的数值需能加总为完整整体（如总销售额、总用户数）。

【例 8.7】 饼图示例。

```python
import matplotlib.pyplot as plt
labels = 'Frogs', 'Hogs', 'Dogs', 'Logs'
sizes = [15, 30, 45, 10]
explode = (0, 0.1, 0, 0)  # only "explode" the 2nd slice (i.e. 'Hogs')
fig1, (ax1, ax2) = plt.subplots(2)
ax1.pie(sizes, labels=labels, autopct='%1.1f%%', shadow=True)
ax1.axis('equal')
ax2.pie(sizes, autopct='%1.2f%%', shadow=True, startangle=90, explode= explode,
pctdistance=1.12)
ax2.axis('equal')
ax2.legend(labels=labels, loc='upper right')
plt.show()
```

程序运行结果如图 8.10 所示。

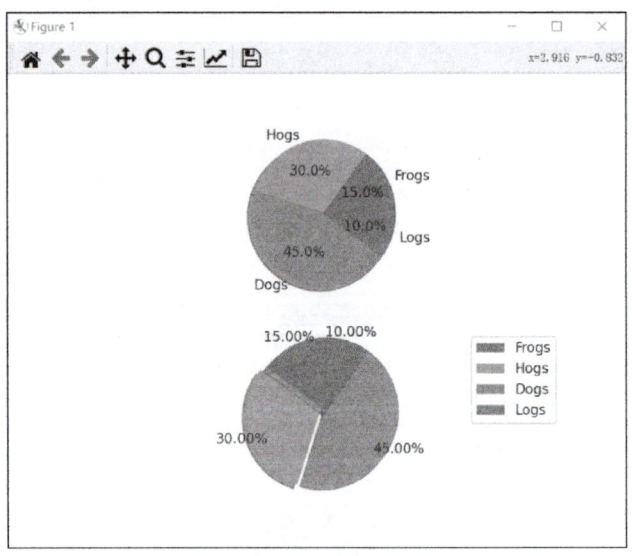

图 8.10 饼状图

8.3.7 箱型图

箱型图（也称为盒须图）于 1977 年由美国著名统计学家约翰·图基（John Tukey）发明。它能显示出一组数据的最大值、最小值、中位数及上下四分位数。在箱型图中,从上四分位数到下四分位数绘制一个盒子,然后用一条垂直触须(形象地称为"盒须"),穿过盒子的中间。上垂线延伸至上边缘(最大值),下垂线延伸至下边缘(最小值)。首先准备创建箱型图所需数据,可以使用 np.random.normal 函数来创建一组基于正态分布的随机数据,该函数有三个参数,分别是正态分布的平均值、标准差以及期望值的数量。然后,用 data_to_plot 变量指定创建箱型图所需的数据序列,最后,用 boxplot 函数绘制箱型图。

【例 8.8】 箱型图示例。

构建合适的随机数,绘制箱型图。

```
import matplotlib.pyplot as plt
import numpy as np
# 利用随机数种子使每次生成的随机数相同
np.random.seed(10)
collectn_1 = np.random.normal(100, 10, 200)
collectn_2 = np.random.normal(80, 30, 200)
collectn_3 = np.random.normal(90, 20, 200)
collectn_4 = np.random.normal(70, 25, 200)
data_to_plot = [collectn_1, collectn_2, collectn_3, collectn_4]
fig = plt.figure()
# 创建绘图区域
ax = fig.add_subplot(111)
# 创建箱型图
bp = ax.boxplot(data_to_plot)
plt.show()
```

程序运行结果如图 8.11 所示。

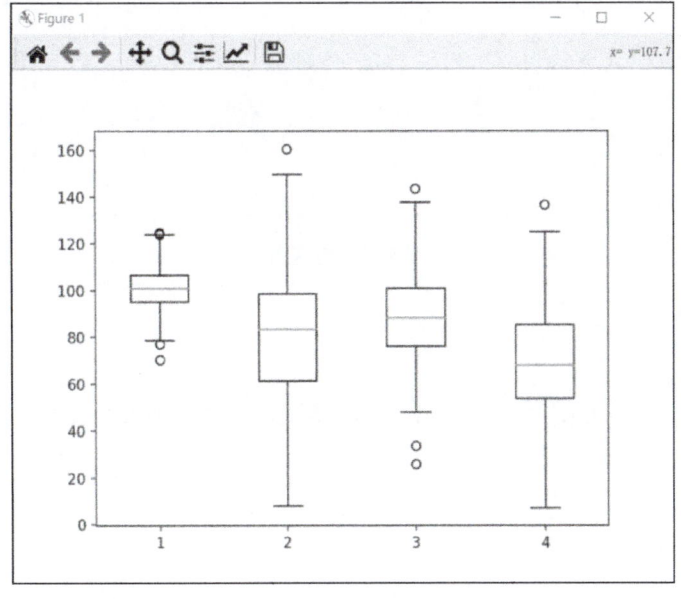

图 8.11 箱型图

8.3.8 泡泡图

泡泡图是散点图的一种，加入了第三个值，体现点的大小。

【例8.9】 泡泡图示例。

```python
import matplotlib.pyplot as plt
import numpy as np
np.random.seed(19680801)
N = 50
x = np.random.rand(N)
y = np.random.rand(N)
colors = np.random.rand(N)
area = (30 * np.random.rand(N)) ** 2  # 0 to 15 point radii
plt.scatter(x, y, s=area, c=colors, alpha=0.5)
plt.show()
```

程序运行结果如图8.12所示。

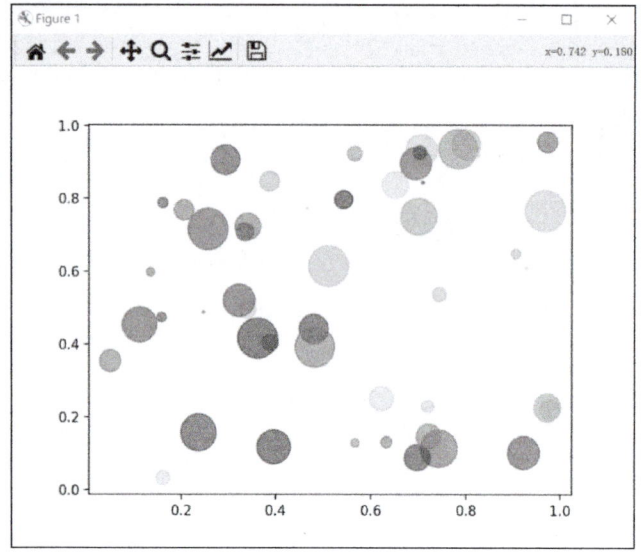

图8.12 泡泡图

8.3.9 等高线图

等高线图（也称"水平图"）是一种在二维平面上显示3D图像的方法。等高线有时也被称为"Z切片"，如果想要查看因变量Z与自变量X、Y之间的函数图像变化（即Z=f(X,Y)），那么采用等高线图最为直观。

【例8.10】 等高线图示例。

```
import numpy as np
import matplotlib.pyplot as plt
"""
np.linspace()在指定的大间隔内[-4.0,4.0]，返回固定间隔100个数据
```

```
"""
x = np.linspace(-4.0, 4.0, 100)
y = np.linspace(-4.0, 4.0, 100)
"""
np.meshgrid()两个坐标轴上的点在平面上画格,产生一个以向量 x 为行,向量 y 为列的矩
"""
X, Y = np.meshgrid(x, y)
# 定义 Z 与 X, Y 之间的关系,即圆方程 x²+y²=r²
Z = np.sqrt(X ** 2 + Y ** 2)
fig, axes = plt.subplots(1, 2, figsize=(16, 9))
axes[0].contour(X, Y, Z, alpha=0.75, cmap=plt.cm.hot)
cp = axes[1].contourf(X, Y, Z, cmap=plt.cm.hot)
fig.colorbar(cp)
plt.show()
```

程序运行结果如图 8.13 所示。

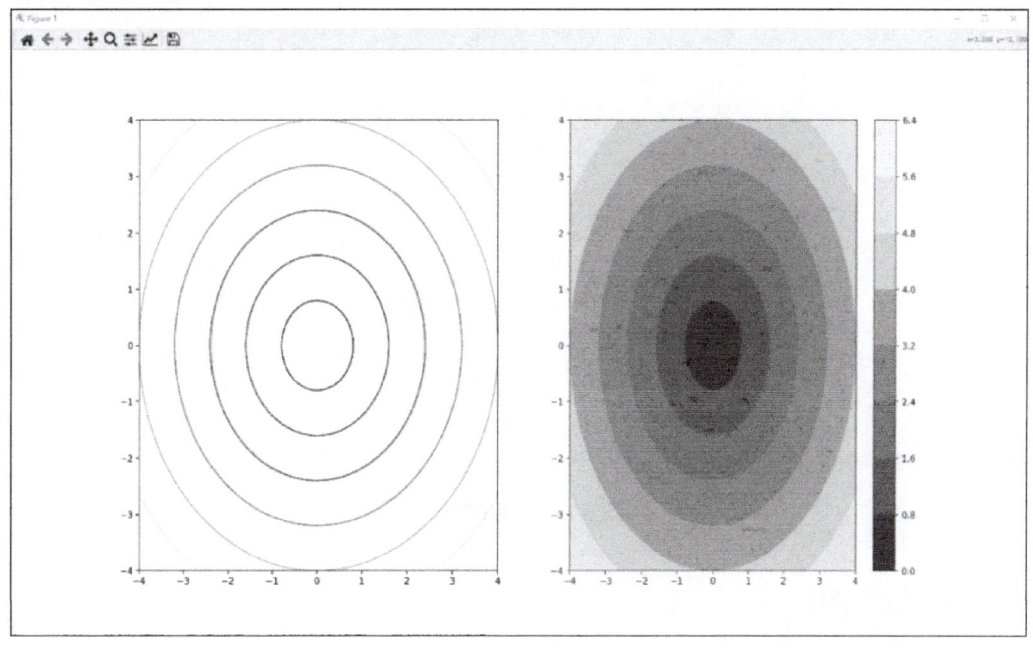

图 8.13 等高线图

最初开发的 Matplotlib,仅支持绘制 2D 图形,后来随着版本的不断更新,Matplotlib 在二维绘图的基础上,构建了一部分较为实用的 3D 绘图程序包,比如 mpl_toolkits.mplot3d,通过调用该程序包一些接口,可以绘制 3D 散点图、3D 线框图、3D 曲面图等。

8.3.10 3D 曲线图

通过 ax.plot3D 函数可以绘制 3D 曲线图。

【例 8.11】 3D 曲线图示例。

```
import numpy as np
import matplotlib.pyplot as plt
```

```python
fig = plt.figure()
# 创建 3D 绘图区域
ax = plt.axes(projection='3d')
# 从三个维度构建
z = np.linspace(0, 1, 100)
x = z * np.sin(20 * z)
y = z * np.cos(20 * z)
# 调用 ax.plot3D 创建 3D 曲线图
ax.plot3D(x, y, z, 'gray')
ax.set_title('3D line plot')
plt.show()
```

程序运行结果如图 8.14 所示。

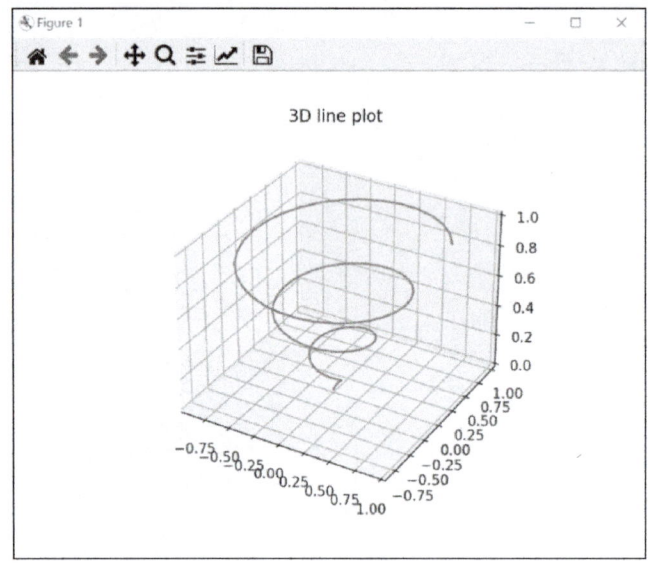

图 8.14 3D 曲线图

8.3.11 3D 散点图

通过 ax.scatter3D 函数可以绘制 3D 散点图。

【例 8.12】 3D 散点图示例。

```python
import numpy as np
import matplotlib.pyplot as plt
fig = plt.figure()
# 创建绘图区域
ax = plt.axes(projection='3d')
# 构建 xyz
z = np.linspace(0, 1, 100)
x = z * np.sin(20 * z)
y = z * np.cos(20 * z)
c = x + y
ax.scatter3D(x, y, z, c=c)
ax.set_title('3D Scatter plot')
```

```
plt.show()
```

程序运行结果如图 8.15 所示。

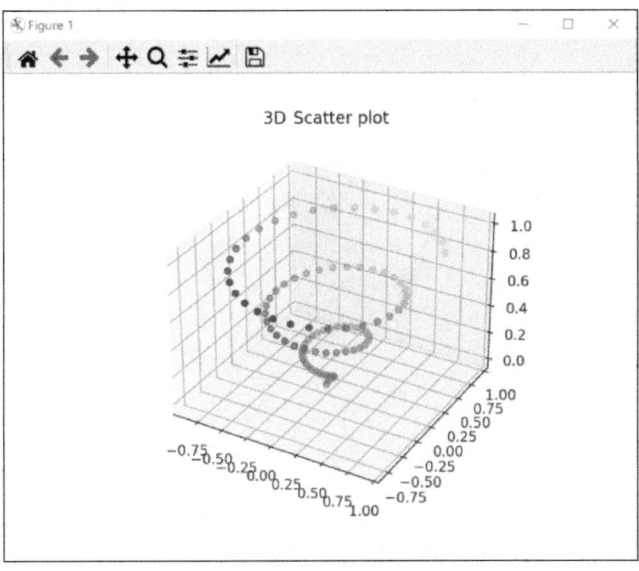

图 8.15　3D 散点图

8.3.12　3D 等高线图

ax.contour3D 函数可以用来创建 3D 等高线图，该函数要求输入数据均采用二维网格式的矩阵坐标。同时，它可以在每个网格点(x,y)处计算出一个 z 值。

【例 8.13】3D 等高线图示例。

```
import numpy as np
import matplotlib.pyplot as plt
def f(x, y):
    return np.sin(np.sqrt(x ** 2 + y ** 2))
# 构建 x、y 数据
x = np.linspace(-6, 6, 30)
y = np.linspace(-6, 6, 30)
# 将数据网格化处理
X, Y = np.meshgrid(x, y)
Z = f(X, Y)
fig = plt.figure()
ax = plt.axes(projection='3d')
# 50 表示在 z 轴方向等高线的高度层级，binary 颜色从白色变成黑色
ax.contour3D(X, Y, Z, 50, cmap='binary')
ax.set_xlabel('x')
ax.set_ylabel('y')
ax.set_zlabel('z')
ax.set_title('3D contour')
plt.show()
```

程序运行结果如图 8.16 所示。

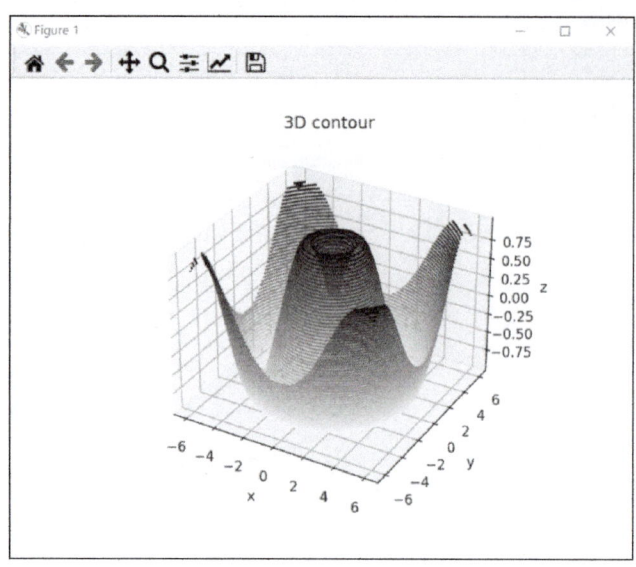

图 8.16　3D 等高线图

8.3.13　3D 线框图

线框图可以将数据投影到指定的三维表面上,并输出数据可视化程度较高的三维效果图。通过 plot_wireframe 函数能够绘制 3D 线框图。

【例 8.14】　3D 线框图示例。线框图同样要采用二维网格形式的数据,与绘制等高线图类似。

```python
import numpy as np
import matplotlib.pyplot as plt
def f(x, y):
    return np.sin(np.sqrt(x ** 2 + y ** 2))
# 准备 x,y 数据
x = np.linspace(-6, 6, 30)
y = np.linspace(-6, 6, 30)
# 生成 X、Y 网格化数据
X, Y = np.meshgrid(x, y)
# 准备 Z 值
Z = f(X, Y)
# 绘制图形
fig = plt.figure()
ax = plt.axes(projection='3D')
# 调用绘制线框图的函数 plot_wireframe()
ax.plot_wireframe(X, Y, Z, color='black')
ax.set_title('wireframe')
plt.show()
```

程序运行结果如图 8.17 所示。

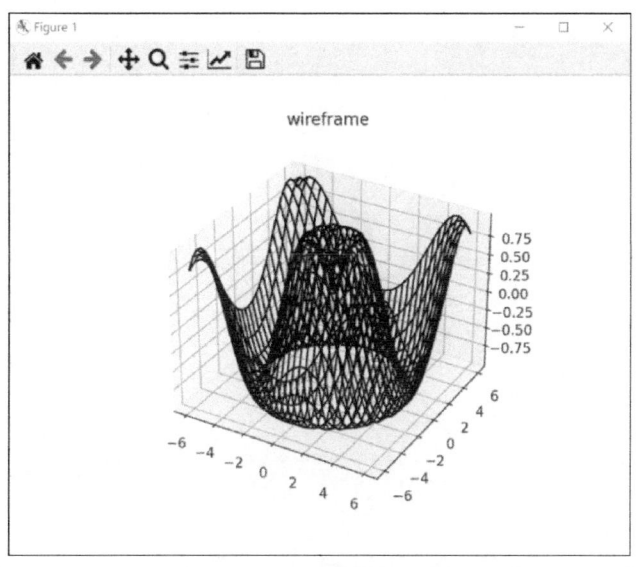

图 8.17　3D 线框图

8.3.14　3D 曲面图

曲面图表示一个指定的因变量 y 与两个自变量 x 和 z 之间的函数关系。

3D 曲面图是一个三维图形，它非常类似于线框图。不同之处在于，线框图的每个面都由多边形填充而成。Matplotlib 提供的 ax.plot_surface 函数可以绘制 3D 曲面图，该函数需要接受三个参数值 x，y 和 z。

【例 8.15】 3D 曲面图示例。

```python
import numpy as np
import matplotlib.pyplot as plt
# 求向量积(outer()方法又称外积)
x = np.outer(np.linspace(-2, 2, 30), np.ones(30))
# 矩阵转置
y = x.copy().T
# 数据 z
z = np.cos(x ** 2 + y ** 2)
# 绘制曲面图
fig = plt.figure()
ax = plt.axes(projection='3D')
# 调用 plot_surface 函数
ax.plot_surface(x, y, z,cmap='viridis', edgecolor='none')
ax.set_title('Surface plot')
plt.show()
```

程序运行结果如图 8.18 所示。

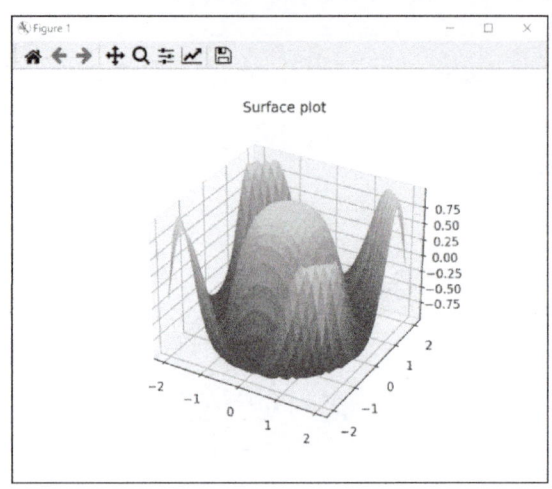

图 8.18 3D 曲面图

8.4 Matplotlib 绘制交互式动态图形

Matplotlib 除了可以绘制上一节介绍的各类数据可视化图形外,还可以通过事件响应绘制动态图形。本节先介绍事件响应的相关概念,然后介绍 Matplotlib 的常用事件,最后用四个案例展示如何使用 Matplotlib 绘制交互式动态图形。

8.4.1 Matplotlib 的事件响应

事件响应是指系统或程序对某个事件发生时采取的相应行动。它是基于事件驱动的编程模型的核心概念,其中事件是指发生在系统中的某个特定时刻的重要事项或状态变化。事件响应的基本思想是,系统或程序通过注册和监听事件,一旦事件发生,就执行预先定义好的动作或函数来进行相应的处理。事件可以是用户输入、系统消息、硬件中断等,例如,鼠标单击、键盘输入、页面加载完成、网络连接状态改变等。

事件响应的实现通常使用事件处理器函数或事件回调函数来完成。当事件发生时,事件处理器函数会被调用,并传递相关的事件数据。事件处理器函数可以包含对事件的处理逻辑、更新程序状态、调用其他函数等操作。通过事件响应,系统或程序可以实现对用户操作、输入输出设备、网络连接、数据更新等方面的实时响应和处理,从而提高系统的交互性、效率和用户体验。

以上介绍了事件响应的基本概念,在 Matplotlib 中,对于事件响应的处理基于 GTK(GIMP Toolkit)图形工具包(GTK 是一套跨多种平台的图形工具包,是一个功能强大、设计灵活的一个通用图形库,在安装 Matplotlib 时已经一并安装)。由 Matplotlib 编写生成动态交互图形的程序需要进行事件绑定,Matplotlib 的事件绑定有三个要素:canvas 对象、事件名称、回调函数。

Matplotlib 的事件绑定由 canvas 对象调用 mpl_connect()方法实现,mpl_connect()方法有两个参数:事件名称、回调函数。即 canvas 对象.mpl_connect(事件名称,回调函数)。mpl_connect 方法又称为事件管理器,它是 FigureCanvasBase 类的方法。FigureCanvasBase 类属于 matplotlib.

backend_bases 模块，作用是隔离绘图和后端底层，这样绘图时就不用考虑各个后端之间的差异。

8.4.2 Matplotlib 常用事件

本节介绍 Matplotlib 的常用事件。掌握了这些事件及其发生的条件后，就可以根据需要构建相应的事件处理程序，绘制交互式图形。在设计交互方式的时候，可以根据对哪一种事件进行响应来完成操作，对应的，只需要完成相应的事件处理程序，并进行注册即可，注册方式可以参照以下语句：cid = fig.canvas.mpl_connect('button_press_event', onclick)。

Matplotlib 中用到的事件类都继承自 matplotlib.backend_bases.Event，主要事件如表 8.7 所示。

表 8.7 Matplotlib 常用事件

事件名称	类	描述
'button_press_event'	MouseEvent	鼠标按键被按下
'button_release_event'	MouseEvent	鼠标按键被释放
'draw_event'	DrawEvent	画布绘图
'key_press_event'	KeyEvent	键盘按键被按下
'key_release_event'	KeyEvent	键盘按键被释放
'motion_notify_event'	MouseEvent	鼠标移动
'pick_event'	PickEvent	画布中的对象被选中
'resize_event'	ResizeEvent	图形画布大小改变
'scroll_event'	MouseEvent	鼠标滚轮被滚动
'figure_enter_event'	LocationEvent	鼠标进入新的图形
'figure_leave_event'	LocationEvent	鼠标离开图形
'axes_enter_event'	LocationEvent	鼠标进入新的轴域
'axes_leave_event'	LocationEvent	鼠标离开轴域

因为 Matplotlib 中用到的事件类都继承自 matplotlib.backend_bases.Event，所以，所有事件都拥有以下 3 个共同属性。

- name：事件名称。
- canvas：生成事件的 canvas 对象。
- guiEvent：触发 matplotlib 事件的 gui 事件，默认为 None。

所有事件均定义在 matplotlib.backend_bases 模块中，其中常用的鼠标事件 MouseEvent、键盘事件 KeyEvent 都继承自 LocationEvent 事件。LocationEvent 事件有 5 个属性。

- X：X 坐标，距离画布左端的像素数。
- Y：Y 坐标，距离画布底端的像素数。
- inaxes：是否处于坐标系中，是，则为鼠标所处的子图实例，否，则为 None。
- xdata：鼠标的 X 坐标。
- ydata：鼠标的 Y 坐标。

键盘事件 KeyEvent 除继承自 LocationEvent 事件的 5 个属性外，还有 1 个 key 属性，表示按下的键，值范围为：None、任何字符、'shift'、'win'或者'control'。

鼠标事件 MouseEvent 除继承自 LocationEvent 事件的 5 个属性外，还有以下属性：
- key：表示鼠标事件触发时按下的键，值范围同键盘事件 KeyEvent 中的 key 属性。
- button：表示按下的鼠标按钮，值范围为：None、1、2、3、up、down（up、down 用于滚动事件）。
- dblclick：表示是否双击，值为布尔值。

8.4.3　使用 Matplotlib 绘制动态图形

本节通过四个案例介绍交互式动态图形的绘制。

1. 显示鼠标单击消息

本例所示的是一个最简单的 Matplotlib 基于事件响应的应用。程序执行会出现一个在坐标系中绘制着一条直线的窗口，如果用户在窗口中单击鼠标，在 PyCharm 的输出窗口中会出现一行输出，里面包含事件的名称，鼠标按键的代码，执行该操作时鼠标所在的位置信息等等。

在本案例中，fig 为 figure 对象，fig 的 canvas 属性可以返回当前图像所在的 canvas 对象，然后再调用 mpl_connect()方法，'button_press_event' 为鼠标左键单击事件，onclick 为回调函数。

【例 8.16】　显示鼠标单击消息示例。

```
import matplotlib.pyplot as plt
fig, ax = plt.subplots()
ax.plot([1,1])
def onclick(event):
    print('%s click: button=%d, x=%d, y=%d, xdata=%f, ydata=%f' %
('double' if event.dblclick else 'single', event.button,
        event.x, event.y, event.xdata, event.ydata))
cid = fig.canvas.mpl_connect('button_press_event', onclick)
plt.show()
```

程序运行结果如图 8.19 所示。

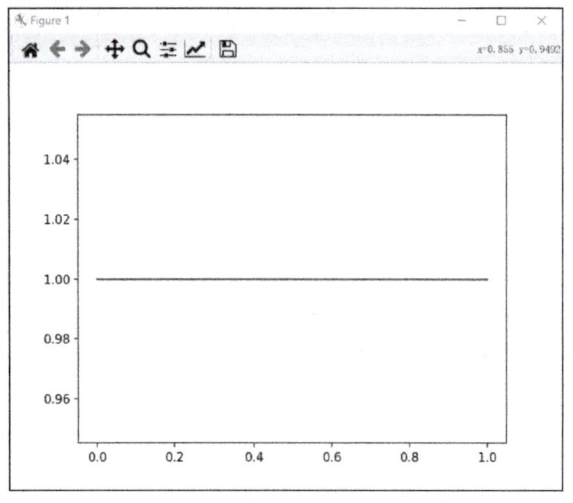

图 8.19　显示鼠标单击消息

运行后，在图像界面上单击三次鼠标，控制台会出现如下输出。

```
single click: button=1, x=652, y=628, xdata=0.495565, ydata=1.022738
single click: button=1, x=708, y=432, xdata=0.557661, ydata=0.993571
single click: button=1, x=982, y=284, xdata=0.861492, ydata=0.971548
```

2. 鼠标单击画线

上一个案例介绍了鼠标单击消息事件，更多的是鼠标操作。本例主要介绍鼠标对应的操作。每单击一次鼠标，都会记录一个新位置，即单击鼠标的位置，下一次鼠标单击会在新旧位置间连接一段蓝色线段，并且在输出窗口中输出相应数据。

【例 8.17】 鼠标单击画线示例。将鼠标单击相邻两点用直线连接，起始点为（0,0）。

```
from matplotlib import pyplot as plt
class LineBuilder:
    def __init__(self, line):
        self.line = line
        self.xs = list(line.get_xdata())
        self.ys = list(line.get_ydata())
        self.cid = line.figure.canvas.mpl_connect('button_press_event', self)
    def __call__(self, event):
        print('click', event)
        if event.inaxes!=self.line.axes: return
        self.xs.append(event.xdata)
        self.ys.append(event.ydata)
        self.line.set_data(self.xs, self.ys)
        self.line.figure.canvas.draw()
fig = plt.figure()
ax = fig.add_subplot(111)
ax.set_title('click to build line segments')
line, = ax.plot([0], [0])  # empty line
linebuilder = LineBuilder(line)
plt.show()
```

程序运行结果如图 8.20 所示。

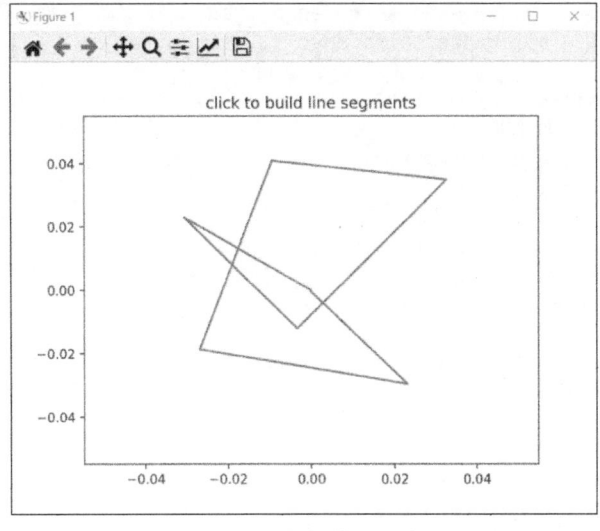

图 8.20　鼠标单击画线

3. 使用按钮实现动态绘制正弦曲线

除了窗口可以接收鼠标单击事件,在窗口中还可以使用常用的控件以完成更多操作。本节介绍了按钮控件的使用方法,在本节的案例中,可以通过单击开始(Start)和结束(Stop)按钮,完成图形的动态绘制。这样,就可以看到动态效果图了。

【例8.18】 动态绘制正弦曲线示例1。

编写程序,在图形窗口中放置按钮"Start"和按钮"Stop"。单击"Start"按钮时绘制从右向左运动的正弦曲线,单击"Stop"按钮时曲线停止运动。

```python
from time import sleep
from threading import Thread
import numpy as np
import matplotlib.pyplot as plt
from matplotlib.widgets import Button
fig, ax = plt.subplots()
# 设置图形显示位置
plt.subplots_adjust(bottom=0.2)
# 实验数据
range_start, range_end, range_step = 0, 1, 0.005
t = np.arange(range_start, range_end, range_step)
s = np.sin(4 * np.pi * t)
l, = plt.plot(t, s, lw=2)
# 自定义类,用来封装两个按钮的单击事件处理函数
class ButtonHandler:
    def __init__(self):
        self.flag = False
        self.range_s, self.range_e, self.range_step = 0, 1, 0.005
    # 线程函数,用来更新数据并重新绘制图形
    def threadStart(self):
        while self.flag:
            sleep(0.02)
            self.range_s += self.range_step
            self.range_e += self.range_step
            t = np.arange(self.range_s, self.range_e,
                          self.range_step)
            ydata = np.sin(4 * np.pi * t)
            # 更新数据
            l.set_ydata(ydata)
            # 重新绘制图形
            plt.draw()
    def Start(self, event):
        if not self.flag:
            self.flag = True
            # 创建并启动新线程
            t = Thread(target=self.threadStart)
            t.start()
    def Stop(self, event):
        if self.flag:
            self.flag = False
callback = ButtonHandler()
# 创建按钮并设置单击事件处理函数
axnext = plt.axes([0.7, 0.05, 0.1, 0.075])
```

```
btnStart = Button(axnext, 'Start', color='0.7', hovercolor='r')
btnStart.on_clicked(callback.Start)
axprev = plt.axes([0.81, 0.05, 0.1, 0.075])
btnStop = Button(axprev, 'Stop')
btnStop.on_clicked(callback.Stop)
plt.show()
```

程序运行结果如图 8.21 所示，产生的是一个动态图像，单击 Start 按钮时，正弦曲线开始向前滚动，单击 Stop 按钮时，滚动停止。

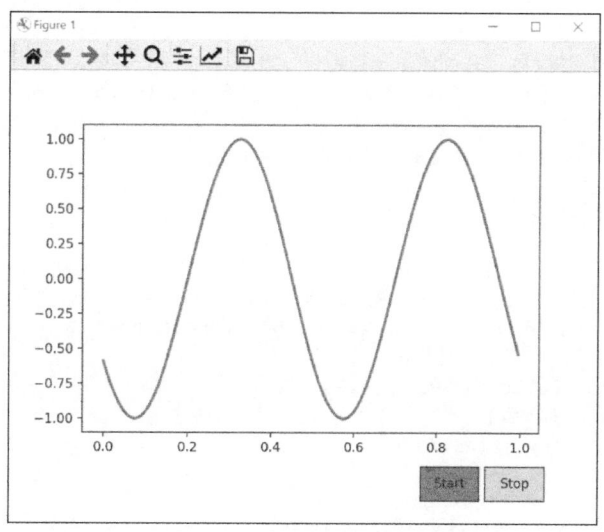

图 8.21　动态绘制正弦曲线

4. 使用单选按钮动态绘制更复杂的正弦曲线

如果在一定范围内，出现允许的操作不止一种或者对应的参数选择是有限几个的情况，这时候就使用单选按钮组，可以直观地给出全部可选选项。以下案例，还是以绘制动态正弦曲线为蓝本，但是这次可以设置正弦曲线的颜色、线型和频率。

【例 8.19】 动态绘制正弦曲线示例 2。

编写程序，绘制正弦曲线，并在图形窗口上创建单选按钮组件，调整曲线的颜色、频率和线型，创建按钮组件，实现从固定的几种颜色、频率和线型中随机选择。

```
from random import choice
import numpy as np
import matplotlib.pyplot as plt
from matplotlib.widgets import RadioButtons, Button
# 3 种不同频率的信号
t = np.arange(0.0, 2.0, 0.01)
s0 = np.sin(2 * np.pi * t)
s1 = np.sin(4 * np.pi * t)
s2 = np.sin(8 * np.pi * t)
# 创建图形
fig, ax = plt.subplots()
l, = ax.plot(t, s0, lw=2, color='red')
plt.subplots_adjust(left=0.3)
```

```python
# 定义允许的几种频率，并创建单选钮组件
# 其中[0.05, 0.7, 0.15, 0.15]表示组件在窗口上的归一化位置
axcolor = '# 886699'
rax = plt.axes([0.05, 0.7, 0.15, 0.15], facecolor=axcolor)
radio = RadioButtons(rax, ('2 Hz', '4 Hz', '8 Hz'))
hzdict = {'2 Hz': s0, '4 Hz': s1, '8 Hz': s2}
def hzfunc(label):
    ydata = hzdict[label]
    l.set_ydata(ydata)
plt.draw()
radio.on_clicked(hzfunc)
# 定义允许的几种颜色，并创建单选钮组件
rax = plt.axes([0.05, 0.4, 0.15, 0.15], facecolor=axcolor)
colors = ('red', 'blue', 'green')
radio2 = RadioButtons(rax, colors)
def colorfunc(label):
    l.set_color(label)
plt.draw()
radio2.on_clicked(colorfunc)
# 定义允许的几种线型，并创建单选钮组件
rax = plt.axes([0.05, 0.1, 0.15, 0.15], facecolor=axcolor)
styles = ('-', '--', '-.', ':')
radio3 = RadioButtons(rax, styles)
def stylefunc(label):
    l.set_linestyle(label)
plt.draw()
radio3.on_clicked(stylefunc)
# 定义按钮单击事件处理函数，并在窗口上创建按钮
def randomFig(event):
    # 随机选择一个频率，同时设置单选钮的选中项
    hz = choice(tuple(hzdict.keys()))
    hzLabels = [label.get_text() for label in radio.labels]
    radio.set_active(hzLabels.index(hz))
    l.set_ydata(hzdict[hz])
    # 随机选择一个颜色，同时设置单选钮的选中项
    c = choice(colors)
    radio2.set_active(colors.index(c))
    l.set_color(c)
    # 随机选择一个线型，同时设置单选钮的选中项
    style = choice(styles)
    radio3.set_active(styles.index(style))
    l.set_linestyle(style)
    # 根据设置的属性绘制图形
plt.draw()
axRnd = plt.axes([0.5, 0.015, 0.2, 0.045])
buttonRnd = Button(axRnd, 'Random Figure', color='0.6', hovercolor='r')
buttonRnd.on_clicked(randomFig)
# 显示图形
plt.show()
```

程序运行结果如图 8.22、图 8.23 所示。

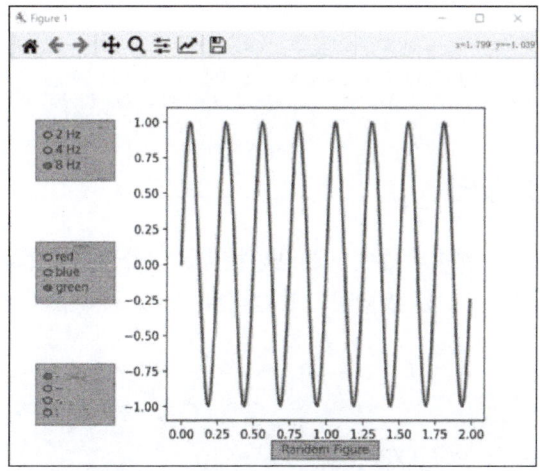

图 8.22　选择不同组合绘制正弦曲线 1

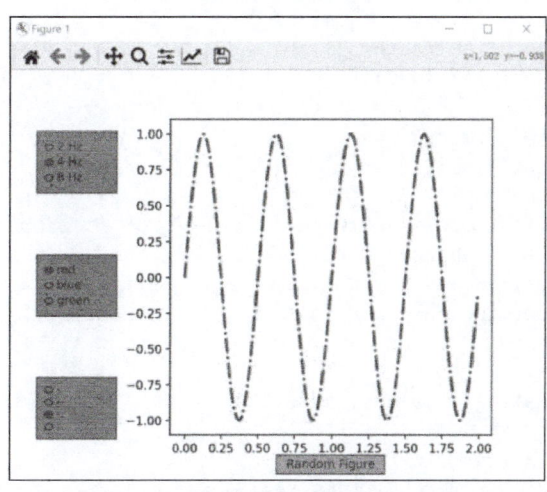

图 8.23　选择不同组合绘制正弦曲线 2

8.5　使用 NumPy、Pandas、Matplotlib 进行电影数据分析与数据可视化

本例是一个综合使用 NumPy、Pandas、Matplotlib 进行数据分析与数据可视化的案例。本例首先采集了 2006—2016 年 1000 部最流行的电影数据，然后对这些数据进行电影评分、电影时长、电影分类的统计，并制作相应的柱状图进行数据可视化展示，这样很容易观察出大致的正态分布期望值，从而分析得出相应结论。

8.5.1　获取数据

首先下载 2006—2016 年 1000 部最流行的电影 IMDB-Movie-Data.csv 的数据，网址为：https://pan.baidu.com/s/1DiLBrA-4Gzkko-3wRHcy3w?pwd=w2gq。数据集中包含 1000 部最流行的电影，数据包含 12 列，包括排名、电影名、类型、描述信息、导演、主演、出品年份、时长等。

读取数据的代码如下。

```python
df = pd.read_csv('./IMDB-Movie-Data.csv')    # 读取数据
df.head()                                     # 读取前五条
```

8.5.2 绘制电影评分分布图

电影评分是评判电影质量的重要数据，通过分析电影评分可以了解广大读者对电影的认可程度。本节根据上述数据，对电影评分数据进行数据可视化，以柱状图的形式呈现出来，从而分析得出相应结论。

```python
import pandas as pd
import numpy as np
from matplotlib import pyplot as plt
df = pd.read_csv('./IMDB-Movie-Data.csv')       # 读取数据
df.head()                                        # 读取前五条数据
print(df['Runtime (Minutes)'].mean())            # 求平均时长
print(np.unique(df["Director"]).shape[0])        # 求导演人数
print(df[df['Rating'] >= 9])                     # 获取评分大于等于9的电影
# 电影评分分布图
min = df['Rating'].min()
max = df['Rating'].max()
from pylab import mpl
mpl.rcParams["font.sans-serif"] = ["SimHei"]     # 设置显示中文字体
mpl.rcParams["axes.unicode_minus"] = False       # 设置正常显示符号
plt.figure(figsize=(14, 5), dpi=100)
t = np.linspace(min, max, num=14)                # 生成 x 轴刻度列表
plt.xticks(t)                                    # 设置刻度
plt.grid()                                       # 网格
plt.hist(df["Rating"].values, bins=13)           # bins=13 表示分为13组，13个区间
plt.xlabel("评分")
plt.ylabel("电影部数")
plt.title("电影评分分布图", fontsize=18)
plt.show()
```

绘制的电影评分分布图如图 8.24 所示。

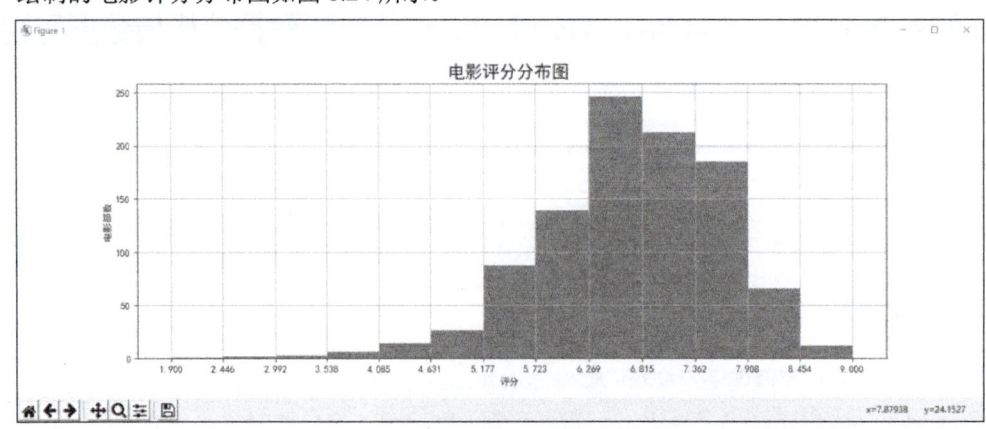

图 8.24　电影评分分布图

根据分布图所示，电影评分数据呈正态分布，绝大多数电影评分在 6 分和 7 分之间，这说明选取的 1000 部电影得到了观众的认可，整体质量是合格的。

8.5.3 绘制电影时长分布图

电影时长也是一项重要的数据。本节根据上述数据对这 1000 部电影的时长进行了统计，并以柱状图的形式呈现出来。

```
# 电影时长分布图
min = df['Runtime (Minutes)'].min()
max = df['Runtime (Minutes)'].max()
from pylab import mpl
mpl.rcParams["font.sans-serif"] = ["SimHei"]      # 设置显示中文字体
mpl.rcParams["axes.unicode_minus"] = False        # 设置正常显示符号
plt.figure(figsize=(14, 5), dpi=100)
t = np.linspace(min, max, num=14)                 # 生成刻度列表
plt.xticks(t)                                     # 设置刻度
plt.grid()                                        # 设置网格
plt.hist(df["Runtime (Minutes)"].values, bins=13) # bins=13 表示分为 13 组，13 个区间
plt.xlabel("时长/分钟")
plt.ylabel("电影部数")
plt.title("电影时长分布图", fontsize=18)
plt.show()
```

绘制的电影时长分布图如图 8.25 所示。

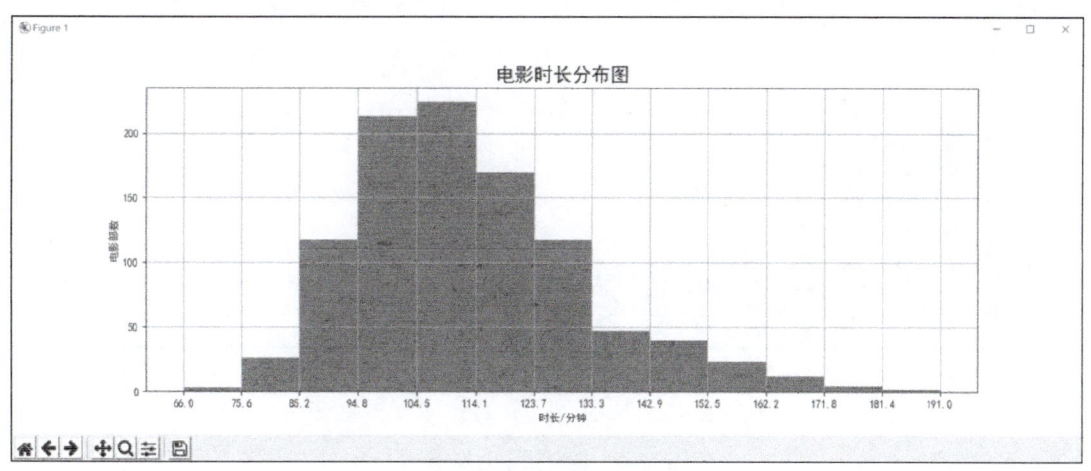

图 8.25　电影时长分布图

通过上述柱状图可以清晰地看到，绝大多数电影的时长分布在 94.8 分钟到 123.7 分钟之间，这说明主流商业电影的时长大部分在 100 分钟左右，这也是广大观众普遍能够接受的一个时长。

8.5.4 统计电影分类

本节统计了数据集中电影的类型数据，将同类型汇总并排序，将数据从大到小以柱状图的形

式进行呈现。

```
    # 统计电影分类
    print(df['Genre'])              # 获取 Genre 该列
    # 统计电影分类
    temp_list = [i.split(",") for i in df["Genre"]]  # 进行字符串分割
    print(temp_list[0:5])           # 去掉前五条数据
    # 获取电影的分类
    genre_list = np.unique([i for j in temp_list for i in j])  # unique 去重
    print(genre_list)
    # 增加新的列
    temp_df = pd.DataFrame(np.zeros([df.shape[0], genre_list.shape[0]]), columns=genre_list)
    print(temp_df)
    for i in range(1000):           # 遍历每一部电影,temp_df 中把分类出现的列的值置为 1
    # temp_df.ix[i,temp_list[i]]=1
        temp_df.loc[i, temp_list[i]] = 1
    print(temp_df)
    print(temp_df.sum().sort_values())  # 各分类电影数求和并排序,默认升序
    temp_df.sum().sort_values(ascending=False).plot(kind="bar",figsize=(15,6),fontsize=20)  # 绘图
    plt.show()
```

根据数据集中对电影类别的描述，进行数据统计，然后计数，最后进行数据排序并通过柱状图显示排序后的结果，如图 8.26 所示。

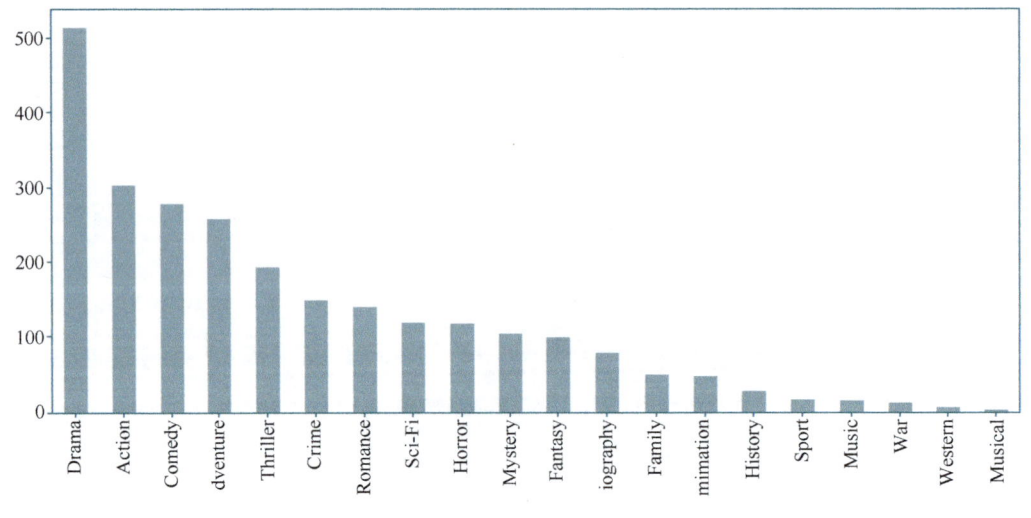

图 8.26　统计电影分类图

本例分析了电影的类型，将分类进行统计汇总，将数据输出在结果窗口，由结果可知，数量最多的影片类型是 Drama：513，戏剧；排名第二的是 Action：303，动作片；排名第三的是 Comedy：279，喜剧片；最后一个是 Musical：5，音乐剧。这说明了电影制作者的偏好，更说明了观众的喜好。

本章练习

编程题

1. 题目描述:绘制 $f(x) = \sin^2(x-2)e^{-x^2}$ 图像。

2. 从正态分布中生成 10000 个观察值的向量 z。然后,使用高斯核密度估计器(参见 scipy.stats)绘制一幅图,显示 z 的直方图(带有 25 个箱)以及密度估计值。

参 考 文 献

[1] 董付国. Python 可以这样学[M]. 北京：清华大学出版社，2017.

[2] 李鲁群，李晓丰，张波. Python 与数据分析及数据可视化[M]. 北京：清华大学出版社，2022.

[3] 董付国. Python 数据分析、挖掘与数据可视化[M]. 北京：人民邮电出版社，2020.

[4] 刘伟善. Python 人工智能[M]. 北京：清华大学出版社，2020.

[5] 吉田拓真，尾原飒. Numpy 数据处理详解：Python 机器学习和数据科学中的高性能计算方法[M]. 陈欢，译. 北京：中国水利水电出版社，2021.

[6] 增田秀人. Pandas 数据预处理详解：机器学习和数据分析中高效的预处理方法[M]. 陈欢，译. 北京：中国水利水电出版社，2021.

[7] 罗素，诺维格. 人工智能现代方法：原书第 4 版[M]. 张博雅，陈坤，田超，等译. 北京：人民邮电出版社，2022.

[8] 李嘉璇. TensorFlow 技术解析与实战[M]. 北京：人民邮电出版社，2017.

[9] SeaShawnChan. Matplotlib 详细教程. [EB/OL]. (2022-09-03)[2024-04-25]. https://blog.csdn.net/weixin_42620109/article/details/126466337.html.